オンライン授業の時代にはぐくむ

《自学》の力

君たちは，
数学で
何を学ぶべきか

Ryosuke Nagaoka
長岡亮介

日本評論社

はじめに

　本書は，後に詳しく述べる偶然から，他の仕事を保留して緊急に出版すること
にしたものです。

　緊急出版というのは，日本では 2020 年 2 月下旬から流行をはじめたいわゆる
「新型コロナ・ウィルス感染症」のために，一般企業のみならず，学校まで，企業
のテレワーク型への移行を迫られたことで，自宅で PC や TV の前で過ごす時間
が自分の意に反して増えてしまった若者に向けて，

「ピンチをチャンスに！」

という激励のメッセージを発信したいと思ったからです。

　本文で詳しく触れますが，最近の日本の学校や塾，予備校などでは，良くいえ
ば生徒への親切心から，悪くいえば生徒の自主性に対する不信感から，生徒の学
習進度を授業と試験できつく縛っていて，それが面倒見の良い教育だと信じ込ん
でいる人が少なくありません。

　しかし，

「馬を水辺に連れて行くことはできるが，水を飲ませることはできない」

という有名な外国の 諺 が示唆する通り，自発性・能動性を前提とする勉強とい
う行為を無理やり強制することは無意味で不可能です。まして**数学のように，あ
るレベルを超えると《理解と納得の発見》が命である学習分野では，自発性・能
動性の役割はより決定的**です。

　にもかかわらず，これまでの日本では，数学でも受動的な学習が成り立つかに
思われてきたこともまた事実です。このような風潮が生まれたきっかけは，「数学
のむずかしい問題を解くには天性の 閃 きが必要である」という《昔からの伝説》
が，「問題のパターンと解法を憶えていれば数学の問題は誰でも解ける！」という
新しい《受験数学の新学習方法論》?! で置き換えられたことです。高等教育への
予備段階としてのある種の尊敬をもって見られてきた《高水準の中等教育》が，

「高等教育の大衆化時代」を迎え，人間の哀しい心の隙を突く迎合主義に座を空け渡したのです。正直申し上げて，私自身はこの趨勢に気づきましたが，毎度馬鹿げた大衆迎合の一つにすぎないと軽視し，それに対する十分な警戒心を喚起する必要性を感じていませんでした。「大衆」は決してそれほど愚かではないと信じていたからです。しかし，その後，「数学は暗記である」という大きな，そして罪深い誤解がわが国で急速に普及しました。その理由については本文に譲ります。

　コロナ禍で学校閉鎖という最悪の緊急事態が現実化したとき，私自身は，若い人がこれを期に，誤解に依拠した従来からの「勉強」から解放されて，自分のペースで自発的に勉強できるようになればいいのにと，切ない願望として心に思っておりました。

　ところが，です。従来の数学教育で標準的だった，つまらない問題の解法を懇切丁寧に説明する対面指導が不可能になったときに，この状況を，《自学を基盤においた本格的で効率的な数学教育》への移行の推進力として積極的に活用する好機であると考えて実践している学校があって，期待以上の成果を上げていると聞き，その嬉しいニュースに喜んで急遽書き上げた原稿が本書の中核をなすものです。その経緯に関してはやはり本文の他の原稿に譲り，私はここでは本書を手にとってくれた，とくに若い読者を激励するという趣旨で少し敷衍します。

　わが国で「新型コロナ・ウィルス」と呼ばれる微小な病原体の感染症に対しては，いまだに効果的な対策が見つからず，きっと近い将来に発見される多くの「決定的な対策」に対しても，現時点では予想もしていない困難が新たに見つかるのではないかという不安が，私にはあります。現代医学の歩みを振り返ってみても，「科学があらゆる疫病に必ず勝つ」というにはほど遠いというべきでしょう。

　冷静になって考えると，現実の社会の進行は，多くの楽観的な期待とは違って，経済活動の落ちこみの長期化，社会的な格差と不平等の拡大，「自粛警察」という流行語に象徴される国民の間の反知性的な動きなど，社会全体はむしろ不安定化の方向に流されていると思わざるをえません。

　わが国を含めいくつかの地域では，このたびの感染症は，無症状者をはじめ，軽中症者が多く，従来のインフルエンザ感染と比べると，亡くなる高齢者の数が必ずしも多くないことは本当にありがたいことです。他方，感染性が極めて高く，重篤化した患者のためには，人工呼吸器や血液循環を伴う肺機能の代替装置など，高価で，扱いにベテランの技を必要とする装置が緊急に必須であるため，「医療崩壊」と呼ばれる深刻な事態が予想され，国際的には極めて深刻な状況がまだしば

らく続くことも忘れてはならないでしょう。国民皆健康保険制度という社会民主主義的な政策が（財政問題を無視すれば）成立してきたわが国では、「第一波は克服」という威勢の良い声も聞こえてきますが、何をもって「波」のはじまりと終わりを定義するのか、すっきりしない話です。

　しかし、だらだらと危機の期間が続き、そのために、今後、数十年以上にわたり「コロナ世代」と安易に揶揄されるであろう、いま多くの自由な権利を奪われている若い人々を、心の底から勇気づけたいとの願いから、「ふつうの生活」が否定されたいまだからこそ考えてほしいことを綴りました。幼い子ども、初々しい少年少女、若い多感な青年にとって、同世代と一緒に時間を過ごす学校という空間は、特別な重要性をもっていると思います。そこで一緒に遊び、騒ぎ、喜び、ときに競い合う日々は、決して将来に延期できない大切な時間です。この時空が失われた「一時的損害」を《生涯の大きな利益》に転化してほしいという心の底からの願いを込めて、です。

　不条理で不可解な暴虐ともいうべきパンデミックの中で、人類が現代科学のような力もなしにこれまでに乗り越えてきた長い歴史を思えば、私たちが掛け替えのない親族、友人、知人、同胞の大きな犠牲の上に、しかし、輝かしい新しい文明、文化を築いてきたことも心に止めたいと思います。彼の有名なニュートン（Isaac Newton, 1642–1727）が歴史と文化を書き換える3つの大発見（運動力学、光学、微積分法）をしたのは、ロンドンのペストの第2次大流行 The Great Plague で彼が勤務しはじめたばかりのケンブリッジ大学が閉鎖されて郷里の家に戻っていた1665〜1666年、驚嘆の年 Annus mirabilis でした。この疫病でロンドンの人口の 1/4 が失われたといいます。歴史に「もしも」が禁句であることを知りつつ、もしもこのペスト禍がなければ、私たちはいまだに、《数学》と《自然学》の結合による文明と文化の劇的な大転換とそれがもたらした現代を知らなかったかもしれないと、つくづく思います。

　人間を襲う不条理な災厄は不思議な好運ももたらしてきたことに、私たちは小さな、しかしはっきりとした明るい希望の光を見出し、しっかりした知的な歩みを続けて参りましょう。

2020 年 9 月 15 日

NPO 法人 TECUM 理事長
長岡亮介

目次

第3部　《自学》のために

第 1 部
いまこそ考えてほしいこと
──《自学》のすすめ

大人から若い人々に向けて
——いまこそ考えてほしいこと

0. とかく「大人」というものは

　「最近の若者は……」という言い方は，昔から，年寄りの常套句のようで，世代間に生じた《感覚のずれ》を「時代の変化」という代わりに「世代の退歩」として捉えていうときに使われるようですので，卑しくも教育に深い関心を寄せる身としては，これは決して口にしたくない表現であると深く自覚していることを踏まえた上で，あえて若い人にお話ししたいと思うことをまとめて書きます。

　もちろん，歴史的に見れば明らかなように，時代の変化は決して肯定的な進歩一辺倒に見ることはできない代物であり，《退歩》どころか《堕落》と，より厳しい表現で評価すべき事例も数多くあります。

　しかしながら，世の中の常として，たとえ若年世代が後退しているように年寄り世代に見えるだけでなく，国際的に見てもわが国特有の状況が生まれているとすれば，そのことの責任と根拠は，若い世代にあるのではなく，若い世代を育てたわが国の年寄りの世代に求めるべきであるというのが私のすべてのメッセージの出発点です。

　ですから，私のお話しすることを「年寄りの繰り言」のように聞き流さないでほしいと強く願います。

1. 近頃の大学生の「学力低下」について

　だいぶ昔から，20〜30年前からでしょうか，大学生の学力低下がよく指摘され話題となりました。

　それより前は，大学生の教養が貧困になったというような指摘が一般的だった

と思います。戦後二十数年ほど経ち，高学歴化社会といわれるように，同じ世代に占める大学・大学院の入学生の割合が向上すれば，大学生どうし，大学院生どうしの間に存在する「社会的競争」（たとえば通俗的には就職問題や結婚問題）が激化することは学力問題を横に措いても自明ですから，「ものにならない教養主義」と早く決別して，少しでも《専門性》を高め《競争的な価値》を身につけなくてはならない，という方向に若者の多くが走ったのは，ある意味で当然であったと思います。そのような若者の専門性への飢餓感を，上の世代は情けないと感じていたのでしょう。

　しかしながら，それから二十数年して，大学生の基礎学力の低下という，より悲惨な状況が，「それなりに大きな標本調査」を通じて明らかになりました。「基礎学力」といっても，大した問題ではありません。単に，中学校レベルのごく基本的な問題に対して「正解」が書けない大学生が，特に大学受験で数学を必要としない制度で大学に入学してきた，専門では数学的な読み書き能力を必要とする学部／学科の学生の中に腰を抜かすほどたくさんいる，というのが「調査結果」の鳴らした警鐘です。

　しかし，私自身は，本書の以下の記述からおわかりになるように，中学や高校で「学ぶ」程度の「基礎知識」が重要であるとは思っていません。その理由は，数学を通じた，より深い学理的理解への道が重視されている，というのとは正反対に，「学校数学」というじつに狭い世界での「決まりごと」のようなものが，お稽古ごとのように形だけが誇大に強調されている，という中等教育の実態をいやというほど見せつけられてきたからです。

　その調査の問題そのものを引用すると角が立つと心配してくれる方もおられるので少し変更しますが，たとえば，

> 奇数と偶数の和は奇数であることを証明しなさい。

のような問題に，

- $5+8$ のようであるから。
- 奇数と偶数の和がもし偶数なら矛盾するから。
- 奇数 $2n+1$ と偶数 $2n$ の和は $4n+1$ となって奇数であるから。

のような間違った解答が多かったということです。

どれも完璧とはいえませんが，出題者が想定していた模範解答：

> 【証明】 m, n を整数として，奇数 $2m+1$ と偶数 $2n$ との和 $(2m+1)+2n$ すなわち $2(m+n)+1$ と表される数は，整数 m, n に対して $m+n$ も整数であることから，奇数である。 （証明終）

と比較して，ひどく悪いとは思いません。というのも，模範解答も，学校の模範生と同じく，学校数学の範囲では「お行儀の良い」正解ではあるけれども，数学的には，到底，模範的といえる代物ではないからです。

なぜならば，上の模範解答の「証明」は，論理的には

- 奇数，偶数の定義から出発していないこと
- 整数の加法に関して交換則，結合則が成立するということを無条件に前提としていること。分配法則についても同様であること
- 「整数 m, n に対して $m+n$ も整数である」という最も証明がむずかしいことを黙って前提にして，すっと済ませていること

などの致命的な欠点を抱えています。さらに根本的には，「偶数」を常識的に 2 の倍数であると定義し，この定義から偶数を整数 n を用いて $2n$ と表すことはまあよいとしても，「奇数」の定義のほうは深刻です。常識的には「2 で割り切れない整数」あるいは「偶数でない整数」といったところでしょうが，それが「2 で割ると 1 余る数」となることは，あえてむずかしくいえば，整数全体の集合が通常の加法，乗法に関して「ユークリッド性をもつ環をなす」というかなり高級な事実であり，中学生や高校生のうちは，そんなことは気にしない素朴な理解でかまわないと思います。ちょうど江戸時代の丁半賭博に興じた（もしかすると命を賭けた）人々が，上のような「証明」を聞かされたら「馬鹿じゃねーか！」と一喝したに違いありません！「丁と丁なら丁，半と半でも丁，丁と半なら半に決まっているじゃねーか！」ということです。

参考までに，理論的なアプローチを一応書いておくと，偶数，奇数の和を考えるという問題は，数学的には，整数を 2 で割ったときの剰余

	$\overline{0}$	$\overline{1}$
$\overline{0}$	$\overline{0}$	$\overline{1}$
$\overline{1}$	$\overline{1}$	$\overline{0}$

	丁	半
丁	丁	半
半	半	丁

が等しいものをまとめて類（residual class）と呼んで $\overline{0}, \overline{1}$ などと表したときの，

これらの間の加法の問題であり，まとめれば，上の表のように単純な事実です。そして $\overline{0}$, $\overline{1}$ を丁，半と書けば，賭場のルールと同じものになります。

　このように見ると，博徒がもっていた丁半賭博の知識が，現代数学のそれと変わりないものであるといえます。

2.　学校時代に身につけるべき本当に大切なもの

　というわけで，私自身はそういういわゆる学力の低下といわれる現象自身は，あまり深刻には思っていません。

　学校で本当に身につけるべき力とは，そのような学校あるいは勉強という**狭い世界で通用するだけの扁平な知識**ではなく，大人になって，いろいろな局面で，ある知識が必要であるとわかったときに《**自ら学んで習得する意欲が発揮できる基礎的な能力**》であると思うからです。多くの人が基礎知識と呼んでいるものも，決して必要な基礎的な力ではなく，ほとんどが余分なものであって，**必要だとわかったら勉強して身につければいい**，という余力を残す基盤的な能力こそが大切だということです。

　たとえば，漢字をたくさん知ってるといっても，所詮（しょせん）は有限個ですから，どうってことはない。あるいは，英語がよくできるという人がいるけれども，そうはいっても主要な外国語だけでも，西欧語に限ってもフランス語，ドイツ語，スペイン語，イタリア語，ポルトガル語，オランダ語，デンマーク語，ノルウェー語，ハンガリー語，チェコ語，ロシア語，ウクライナ語，ギリシャ語，……いっぱいありますね。アジアの言葉になると，中国語は人口が多いですが，少数民族の言葉，特に重要なトルコ系の少数民族の言葉，あるいは勤勉で歴史上指導的な人材を数多く輩出しながら文字をもたない客家（ハッカ）人の言葉，そういう言葉をたくさん知っていることが国際的な連係を進める上で重要だという人が多いのですが，素朴なレベルでの会話だけなら，スマートフォンで実装されている人工知能の翻訳でも結構いい線いっています。

　そもそも，それだけの外国語の知識をつけるための時間やコストも考えるべきですね。単なる言語を勉強するよりは，食生活や音楽や文学を通して言語を取り巻く文化を深く理解するほうがいいかもしれません。

　いろいろな言語の知識も，子どものころから身につけておくとよい基本的な学習対象ではあるかもしれないとしても，たくさんの言葉を知っているというだけ

でその人の豊かな生き方が決まるとは限らないと私は思うんです。

3. 一番大切なのは母国語をしっかり学習すること

　たくさんの言葉を身につけようと思っても切りがないということもさることながら，やはり《しっかりとした思索のためのしっかりした言語》を1つ使いこなせることが最も大切ではないかと私は思います。いろいろな考えを多角的に取り入れ，整理して考えようとする際には，**自分の心の中で思索をいろいろと往復させるための基本的な言語**——普通の人にとっては母国語（mother tongue）——がとても大切だと思います。

　というのは，考えるという行為は，自分が，自分の中にいる自分や他人と創造力ある討論を往復することだと思うのですが，**言語が単純になると，思考も単純**になってしまうからです。

　じつは，私自身の経験がそれを教えてくれます。国際研究集会などで少し海外での滞在時間が長くなり，朝起きてから晩に寝る直前まで外国語で生活するという毎日を1週間以上続けていると，やがて，良くいえば，外国語で考えるようになる。夢まで外国語になるんです。最初は，日本語で考えてからそれを外国語に直しているのですが，その手間がなくて外国語で考えいきなり外国語で話すようになります。

　最初，これは凄く良いことだと思ったのですが，じつは，否定的な側面があることに気づきました。外国語がスムーズに口から出てくるという良さはあるのですけれど，他方で，外国語がスムーズに出てくるということは自分が口に出せるようなレベルの言語しか出てこないということであって，自分でももどかしいほど単純な発言しかできない。自分なりの経験と知恵で周囲を感動させることができない，ということです。自分の頭はこんなに単純だったのかと驚くほどでした。

　国際化時代こそ，豊かな経験と思索を背景とした創造的な発言が重要なのです。

4. 日本の日本語教育の現状

　しかるに，学校では，とくに最近の日本では，本当の日本語教育をやってくれているのでしょうか？

　「読む，書く，話す」といいますが，母国語に関していえば，一番大切なのは正

しく文章を「読む力」と「書く力」，とくに後者だと思います。外国語に関しては，一番大切なのは「読む力」でしょう。

「コミュニケーションの時代」に大切なのは，「話す力」「聴く力」だといいますが，その点に関しても，私は，世間の誤解が大きすぎるのではないかと，最近ちょっと悲観的です。

「話す力」というのは，本来は，自分の主張を相手に正しく理解してもらうための《相手の立場への理解》を踏まえた，相手が耳を傾けてくれるような《ストーリーの構成力》のことであり，「聴く力」というのは，相手の主張を正しく理解するために，自分の従来の経験や信念に拘束されないで《自分の理解の幅を拡大》することだと思うのですが，最近は，「ぺらぺらと流暢に喋る力」「漫然と聞いていながらタイミングよく相槌を打つ力」になってしまっていると思います。

反対に，**よい文章，濃密な文章**を読んで，自分なりの理解を**自分の言葉で批判的にまとめる**，というような基本的な「読む」「書く」の学習がほとんどなされていないのではないかと思うのです。

学校教育で身につけるべき，そして学校時代にしか身につけられない，最も大切な基本的な能力のなかで一番大切なのは「読む力」と「書く力」だと思います。

その力が，学校で大切にされていない。結果としてその力が最近落ちている，「話す力」あるいは「喋る力」に取って代わられてしまっている，という心配をしています。

5. KY を排除する最近の日本の風潮の底流

そのような基本的な国語力が重視されなくなってしまっている結果，若い世代の思考が単純化してきているように思います。

そもそも，私は若い人が喋っているのを聞くと，何をいってるのか全然わからないことが，ときどきというより，正直にいうとむしろ頻繁にあります。こういうのを KY とかいうそうです。どうやら「空気を読めない」の省略形らしいのですが，「その場の空気を読む」というような不明瞭な表現が若い人の間で力をもちはじめているという表層の流行は，周囲に自分を合わせることを第一に考えて自分の行動を選択するという生き方が流行っている，という深層の動きを反映しているのではないか。そう思うととても残念です。

無論，周囲の人と喜怒哀楽を共有する人間的な関係はとても大切だと思います。

しかし，それがおかしいと思う場面に遭遇することもあります。たとえばわが国には，主として首都圏だけかもしれませんが，通夜や葬儀の後での「お清め」という風習があります。「故人を偲んで」，しかし，実際には昔話や病気自慢をネタに大声で関係者が話す風習は，その会合の趣旨に照らせば乱暴狼藉に近いと思いますが，周囲に合わせて自分も同じように騒ぐことが礼儀正しいことでしょうか。

こんな瑣末なことでなく，もっと大切なものがあります。企業にせよ，行政にせよ，大学にせよ，組織には，それぞれが抱えている外部に出したくない情報は少なくないものです。まして，組織が長年にわたって犯してきた犯罪を外部に知られることは，組織の命運すら左右することですから，できることなら隠し通したいと思うのは，「組織人」の論理として自然です。その結果，日本では内部告発が起こりにくい風土ができています。内部告発するような KY の人間は採用したくないと，日本の組織の人事担当者は考えるかもしれません。

しかし，内部告発は，その契機にはいろいろな背景があるとしても，表に出したくない組織の負の歴史，長年続いてきた不正を反省するには最も効果的な方法であり，長期的に見れば，組織の健全化であるだけでなく，組織の人間を守ることにもつながる，痛みを伴う外科的な措置です。したがって内部告発するような人員を事前に排除することは，長期的には組織の堕落を招く浅知恵だと思います。

異質な人間を排除して，均質なメンバーからなる組織を作りたいと思う，度量の狭い管理者の発想から自由になることこそ大切であると思います。

最もまずいのは，人間の人格形成に関わる学校という組織に，**KY** を嫌う風土が定着していることではないでしょうか。異質なものを媒介として，自分の狭さに目覚めさせることこそ，人格陶冶の原点であるはずなのに。

6. 学校は，何を教えているか？　　なぜ大切なことが教えられないか

同じように，学校でぜひ身につけなければならないのは**学びの学び**，つまり，学びという人間的な知的活動とは何をすることなのかを学ぶことです。**理解の苦しみと喜びの体験**といってもいいでしょう。

悪口のようになってしまいますが，アクティブ・ラーニングなどと流行語をつくっている人は，本当の学びを知らないのではないかと思います。

学びを学ばせる上でとても大切なのは，学びを教科「道徳」のように，学習者から見て《抽象的に教える》，《予め決まった結論へと誘導する》のは良くない

ということです。学習者が《自ら学ぶ》ことそのものが大切であるからです。自ら学ぶ上で最も効率的なのは数学だと思います。

　数学の基礎概念で最も基本的なのは，小学生が学ぶ数とか図形についての考え方でしょう。数を数えるとか面積を測る（はか）というような，古代ならば特権的な人々の占有物であった人類の偉大な知恵を学ぶことは，たとえそれが近代人の感覚で整理されたものであったとしても，とくに発達途上の若い人には決してやさしくはないと思いますが，長い歴史をもつ人類の英知の流れに自分が一体化できたという体験は重要でしょう。知識や技能の有無が就職や収入を左右する現代では，基本技能を身に着けることは，現代という時代を，自分らしく生きていくための基本であると思います。

　しかし，現代人に必要なすべての知識や技能を学校で身につけるべきであるとは思いません。調理や大工仕事のような基本的な生活周辺の技術，またスキーやゴルフのようなゲーム的なスポーツの技も，是非楽しく経験してほしいとは思いますが，学校で教わらなくてよい。学校で教えてくれなくても，それが必要になったら学習すればよい。遅すぎるということはありません。また，すぐに陳腐化する科学的な知識も要らないと思います。私が子どものころは，「デンプン，蛋白，脂肪が三大栄養素」のように習いましたが，脚気論争をめぐる鴎外（森林太郎）の例を引くまでもなく，このような時代の「科学」的知識は，それがあるためにかえって真実の認識を妨害することがあるのです。

　民主主義社会を支える基本原理である「三権分立」のような思想はとても重要なものですが，その重要性に気づかせるには小学生ではむずかしすぎるでしょう。司法，行政，立法という三権が互いに互いを監視・牽制することによって権力の健全さを保つという思想は，現在の日本社会ではかえって見えないくらいですから，小学生に教えても表面的な言葉だけの勉強になってしまう可能性が大です。じゃんけんを数学的に教えるほうが，子どもたちにとっては深い納得ができるように思います。

　つまり学校というところは，教わる価値のない知識にばかり熱心で，本当はあまり大切でない話題を重要視していることが多い。これは，私自身が子どもの頃からずっと感じてきたことです。私の小学校1年生から4年生まで指導してくださった先生がとってもすばらしい方で，子どもたちに知識を教えることを極力避けて，考えるということを優先して，さまざまな生きた教材を用意してくれる，そういう先生でした。これは私にとって大変幸運なことだったと思います。

7.　幼稚な大学生の起源

いまの若い世代の学力が低下しているという問題よりは，私にいわせるとはるかに深刻なのは，若い世代が全体として幼稚化しているという現象です。

大学生は一昔前の中学生みたいだし，高校生は一昔前の小学生みたい。小学生は昔の保育園の児童みたいな感じですね。

「人生 100 年時代」といわれて，人が長生きできるようになったので，それに，対応して成長スピードを鈍化してもかまわないという考え方も，生物としては合理的かもしれませんが，私が重要だと思うのは，肉体の成長と精神の成長の同期といいましょうか，肉体の成長は早いのに，精神の成長がそれに伴わないというのは，種としても異常な状況だと思います。大学生のように体が完全に成長した頃になってもまだ小学生のような知性しかもっていないということは，あまりにバランスを欠いていると思います。

8.　青年を幼稚化させているもの――学校の責任

ここで重要な問題は，このような現象がなぜ，どうして起こっているかということです。

結論を先取りしていえば，大学生が幼稚化しているのも，高校生・中学生が幼稚化しているのも，結局は，大人たちがそのように幼稚な中学生，高校生，大学生を育てるようにしてきたからではないか。昔は，「這えば立て，立てば歩めの親心」と吾が子の早い成長を望む愚かな親心を川柳にして笑ってきたものですが，いつまでも３歳児の可愛らしさから独立できない親が，ときにはモンスター・ペアレントとして学校運営に口を出すようになったようです。

商業ジャーナリズムが広告主に弱いように，学校関係者・教育関係者はこの口うるさいスポンサーに弱く，学校は何から何まできちんと生徒を「管理」する姿勢をアピールするようになっているようです。

教育ほど子どもに大きな影響を与えるものはありません。それは，戦前の日本の状況，現在なら北朝鮮の姿を見ればわかると思います。人々は本当は《自由》を求めているはずなのですが，自由になることが禁止されている国では，自分の頭で考えるということを止めて，権力のある人に従うという風になってしまいます。

いま小学校でも中学校でも高等学校でも，生徒たちは先生のいうことにきちん

と従う。それは先生を尊敬しているからではなくて，先生のいうことに従わない
と，減点されて損をするからだといいます。

　「吾が子が損をしないためにはどうしたらいいか，それには熱心な先生に上手に
教育をしてもらえばよい」。こういう考え方が，いまでは当たり前のことのように
信じられています。それどころか，全国で日々，実践されています。

　私の子どものころは，勉強は自分でするものだ，ということが当たり前であっ
て，学校に行っても，勉強の時間は先生のほうを黙って向いている。学級の中で
生徒が一斉にワイワイ騒ぐということは滅多になく，一人ひとりが席に座ってい
た。読書するように，静かに勉強するのが当時の標準的な風景でした。先生に権
威というか，一種の威厳があった。

　いまの学校事情を本当の意味で知っているわけではないのですけれど，小学校
では「学級崩壊」という言葉があるくらい，授業中に立って歩き回る子どもたちが
いくらでもいるという驚くべき報告を聞いたことがあります。もっとびっくりす
るのは，子どもたちをワイワイガヤガヤ共同で話し合わせて，それが「これから
の学習」であると見なす風潮があることです。私のような年寄りから見ると，学
習するというのは静かな環境で沈思黙考するというのが基本的なスタイルだと思
うのですけれど，それと正反対のことが推奨され行われている。

9.　教科書の責任

　つい最近，ある方から中学生の検定教科書を送ってもらったのですが，開いて
びっくりしました。じつは 20 年ほど前に小学校の教科書を見たとき，イラスト
というよりは吹き出しのある漫画が満載で，子どもたちの教科書はなんと優しく
なっていることか！ と驚いたことがあるのですが，その驚きと同じことを，まさ
に中学校の教科書までもがそうなっていることに，心底びっくりしました。

　中学生といえば思春期の初め，生意気盛りです。その生意気盛りの子どもに対
して，「正負の数」とか「方程式」といった新しい《大人の数学》を伝えることで，
またそれを教わることで子どもたちは大人になる。私自身は「証明」というもの
を知ったとき，大人になったという気持ちがしました。そういう意味で，中学校
1 年生の数学との出会いは《現代の元服》だと思います。

　最近の教科書は，そのような重々しさがまったくないんです。いまの中学校の
教科書を見ると，とてもじゃないけど大人になれない。まるで保育園や幼稚園の

児童が読む童話のような教科書作りなんです。折り紙細工みたいなのまで付録として付いていたり……。

なぜこのような世の中になったのでしょうか？

それはニーズ（需要）があるから，それに応えて教科書出版会社がそういう教材を提供する，ということです。

しかし，一般市場ではあるまいし，ニーズがあればそれに合わせて商品を供給すればいいのでしょうか？　教育というのは，子どもたちのニーズに応えることなのでしょうか？

少し考えればすぐにわかることですが，大事なのは，子どもたちの顕在的なニーズではなく潜在的なニーズです。立派な大人に成長するための教材であることが大切なはずです。

しかし，成長していない，まだ未発達の子どもたちには，成長した後の自分は見えない。したがって子どもたちの顕在的なニーズに合わせるというだけなら，子どもの成長を期待していないことになる。それはあってはならないし，また子どもたちの身近にいる大人である先生たちは，「いまの子どもたちはこういうものを欲しているんですよ」というぐあいに子どもの声を勝手に代弁してはいけないと思うんです。

先生たちが眼中におくべきは，目の前にいるいまの子どもたちが成長していくその先の姿であって，眼前の姿ではないということです。

10.　子離れできない親？

たしかに小さい子はとても可愛いですね。とくに口が回らない赤ちゃん言葉の子どもがしゃべるのは本当に可愛らしい。そんなことを否定するつもりはまったくありません。

しかしその可愛らしさが，小学校に行っても中学校に行っても高等学校に行っても，そして大学に行っても，場合によっては社会人になっても変わらないとしたら，これは恐ろしいことではないでしょうか。

何重もの意味で，いまの日本の教育システムは，そのように子どもの成長を少しでも遅らせるような，さまざまな工夫をサービスに取り入れていると感じます。その結果として，子どもの成長はどんどん遅れているのではないか。

大人たちは，子どもがハイハイしてると，「ハイハイしていると危ないよ，寝て

いてね！」という。子どもたちが歩きだすと，「転んだら危ないからじっとしていなさい」という。子どもたちが走り出すと，「怪我をすると危ないから，ゆっくり歩きなさい」。そういうふうに細かく注意しながら子どもたちの後を追いかけ回す，というスタイルが教育の標準になってしまっています。

11.　再起動すべき元服システム

　6–3–3制がいいのか，4–4–4制がいいのか，議論が尽きない話題もありますが，学習の点から見ると，学校の区切りごとに，学習者に飛躍，跳躍を要求する不連続性が大切なのに，いまはその反対に，滑らかな接続が偽装されています。小学生から中学生になったとき，また中学生から高校生になったとき，毎回毎回，新しいスタイルの教育に切り替えができなければいけないのに，切り替わるどころか「一貫」してしまう。その結果，いつまでも元服できない子どもが続いてしまうのではないでしょうか。

　いま外的な理由からではありますが，この切り替わりのシステムが，学校全システムと一緒に，実際上，一旦は崩壊した。いまこそこのシステムを再起動する大チャンスです！　本来の学習を再確立する絶好の機会なのです。

　学校にとらわれずに勉強することができるということです。昔，私たちが高校生くらいの生意気なころですと，「自由がほしい。我々を学校の規則で縛るな！」と，しばしばそのようにいったものでありますが，じつは人間は自由が怖い，だからいろいろなルールでもって縛ってほしいと思っているのではないかと思うほど，いまの子どもたちは従順です。

　そして従順な子どもたちを育てる教育というのは，結局のところ権力に対して従順な国民を育てる教育です。その最悪の例が軍人教育でしょう。軍人というのは，いかなる恐怖に対しても，自分が怪我をするかもしれない，死ぬかもしれないという恐怖心に打ち勝って敵の中に突っ込んでいく。そういう「勇気」をもたせるために教育訓練をするわけですね。その訓練によって，知的な人間ならば本来もっているはずの恐怖とか，あるいは近未来を予測しその予測がもつ否定的な可能性に対して現在の行動を慎重に運ぶという知性を，「軍人精神」で縮み上がらせる洗脳教育です。本来は，命令する上官が間違っているかもしれないと考えるのが大切なことであり，民主主義社会を健全に育てるためには一歩立ち止まって

14

考えるという批判精神が重要なものです。

　ところが，若い人に関していえば，学校があるおかげでやたら子ども扱いされて，やたら上官迎合的なんですね。ポピュリズム教育の中で，全体主義国家のように，しかしちょっと違ったニュアンスで，「強制的に飼いならされて」いる。そう感じるのです。

　学校がそのように機能してきたとすると，そういう学校の管理が行き届かないいまこそチャンスだと思うのです。自由な自立した個人としての学びができる絶好の機会なのですから，いまという時間を退屈して無益に過ごしているのは，じつにもったいない。

　ぜひみなさんがこの機会に目覚めて，自分に出会うための学びの道へと進んでいっていただきたい。そのように願っております。

第2部
何のために数学を学ぶのか
── TECUM＋茗渓学園 ジョイント・プロジェクト

「茗溪学園でのオンライン講演会」という 突如湧いた企画

　あとで少し詳しく書くが，私が代表を務める NPO 法人 TECUM[1] の中心的な若手メンバー 3 人から，2020 年 5 月の定例研究会に向けて提出された報告原稿を 4 月のはじめに読み，私は思わず大喝采した。その理由は，本書のあとに続く私の講演との重複を避けるため，ここでは触れない。3 月末と 4 月冒頭に脊椎椎体再形成術なる手術を受けてようやく退院して帰宅したばかりであったが，この 3 人の始めた活動が，日本の数学教育の歴史において重要な大改革として多くの人々に記憶されるものとなるように，陰ながら支援しなければ，と一大決心をした。そして，病院で寝たばかりの生活が続いていたこともあり，深夜に起きて，3 人が担当している中学生・高校生に直接話しかける簡単な短い動画[2] を何本か作った。これを私はビデオ・レターと呼んで，その後も何本か続けた。そのうちで数学の具体的な話題と関わらない一般性のあるものは，2 つほど本書の第 3 部に収録している。

　このビデオ・レターがきっかけとなり，TECUM と茗溪学園のジョイント・プロジェクトとして「オンライン講演会」が計画された。以下に，このジョイント・プロジェクトの講演にゴー・サインの決断をしてくださった茗溪学園副校長宮﨑淳先生からいただいた熱き《特別メッセージ》に続き，その講演会で収録したときのビデオを再現した《講演》と，講演の際に使用した《講演資料》を本書に収録する。私の講演では，問題は出しっぱなしというスタイルがふつうであるのだが，今回は一般読者のために，すべての問いに対して《標準的な解答例》も載

---

　1)　TECUM については「終わりにあたり」の p.177 を参照されたい。
　2)　専門家にはいうまでもないことであるが，本来は，音声だけでも十分のはずと思うのであるが，音声収録装置のある録音スタジオでない一般家屋のふつうの部屋の一室で，音声を集中して聞いている人を不快にさせない高水準のものを作るのは意外にむずかしいからである。

せた（中学生・高校生にはむずかしすぎる問題も，教員や保護者のためになれば，と考えた）。

　これに続き，まず，プロジェクト・チームを代表しての私の茗溪学園での講演会の実現までの苦労話を谷田部篤雄氏に《経緯》としてまとめてもらい，その後に，「オンライン講演会」をその一部に含む《茗溪学園全体でのオンライン授業体制の総括》を，茗溪学園の磯山健太，新妻翔，谷田部篤雄3氏にそれぞれ過去・現在・未来という視点で語っていただくコーナーを設けた。現場の数学教員の方々には大いに参考になる貴重な分析と考察であると思う。

　この茗溪学園での取り組みに興味をもたれた方，とくに中学・高校の経営責任者，そして悩み多き教員，なかんずく数学科教員の方々は，茗溪学園に連絡をとって直接話を聞かれるのが理解の早道であると思う。郵便などで，

　　〒305-8502 茨城県つくば市稲荷前 1-1 茗溪学園中学校高等学校

　　TEL.029-851-6611, FAX.029-851-5455

に問い合わされるといいだろう。https://www.meikei.ac.jp も有益な情報源であろう。

　また，TECUM 事務局（email: tecumoffice@flexcool.net）も 4 先生への仲介のお役には立てると思う。

学びの原点に戻るために
―― 何歳になっても大切な一期一会

宮﨑 淳

　長岡亮介先生と初めてお会いしたのは，新型コロナ感染拡大における全国的な自粛期間中の令和2年（2020年）5月27日でした。私が勤務をする茗溪学園も3月初旬から休校の判断をして，4月の初旬からオンライン授業の発信をするなど，学びを止めない作業に右往左往していた時期でした。

　そんなある日，数学科の若手教員数名からあるプロジェクトをやりたいという話がありました。そのプロジェクトの解説の中には幾たびも「長岡先生」という名詞が出てきました。プロジェクトはなんとなく理解できるのですが，その長岡先生なる人物と彼らの関連性，私が勉強不足であるために不明な長岡先生の経歴など，まずは，「長岡先生」の報告をするように命じました。それも，わずか10分程度で。

　「長岡先生の報告」というと怪しげな報告に聞こえますが，要は長岡先生の過去から現在の活動を約10分程度で話しなさいということでした。長岡先生の高校時代から現在までを10分で説明させた私はせっかちですが，報告者の要約と解説が見事でした。10分で長岡先生のすべてを理解することはできませんでしたが，彼ら数学科の若手がやろうとしていることと，その背景に長岡先生という世界最強レベルとも言える頭脳，支援者がいることが即座に伝わってきました。そして私は彼らの熱意と長岡先生というバックグラウンドが本校生徒の利益に繋がると判断し，即，「All OK」を出しました。

　その「判断と決済」をした1週間後には，長岡先生による第1回オンライン講演会が開催されていました。新型コロナ感染拡大は人類に多くの不幸をもたらしましたが，オンライン化や効率化を促進した面も多々あります。通常，長岡先生のような巨匠をお呼びするには半年前から計画をして，準備や打ち合わせをして

場所（講演会場）を押さえていくという，今では古典芸能のようになってしまったアナログな方法を用いていましたが，4月から6月におけるオンライン化の促進と世の効率化において，わずか6日間で計画から講演までが成されるという社会の進化を目の当たりにしました。

そして，講演当日，初めて長岡先生にお会いさせていただきました。私は常に「直観」を大切にしています。「直観」とは他人には解説のできないデータもないシックス・センスでしかありませんが，自身の「直観」を自身が否定することはしません。この企画を「All OK」としたのもある意味直観です。

そして，お会いして数分話す過程で，「お会いできてよかった」という結論に至りました。管理職の最大かつ最重要な仕事は「判断と決済」です。あの「直観」による「判断と決済」に間違いがなかったことをこの時点で確信しました。

私が長岡先生に対して最も親しみを覚える場面は，知の巨匠でありながらも，話しているうちに社会の理不尽や不合理に対して，遠慮なく怒りを発信していくことです。いまではコンプライアンスやガバナンスで言いたいことの半分も言えない時代となりましたが，長岡先生にはそんなものは関係ありません。言いたいことを言い，思ったことを表現する。勇者にしかできない行動です。

現在，茗溪学園では「アカデミアクラス」という「知をベースに生きる」とでもいう生徒を育てるためのクラスを2021年度より開設する準備をしています。その準備委員の多くが長岡先生の弟子たちです。

さて，どんなクラスとなるか？　現在，長岡先生の弟子たちはものすごいエネルギーで教育内容を立案調整しています。その彼らの姿を見て改めて，「新たなプロジェクトの1丁目1番地＝経験や年齢にとらわれない人事構成での発信と前進」であることを確信した次第です。

本来であれば長岡先生との出会いと共に茗溪学園の教育について触れたいところではありますが，それはこの本の趣旨ではありません。また，教育についての話は，別な機会に参加をさせていただきたいと思います。

何のために学ぶのか
—— 勉強から学問へ

1. はじめに

谷田部篤雄 視聴者のみなさん，こんにちは。数学科の教員の谷田部です。

本日は《何のために学ぶのか，学びとは何か》というテーマで，長岡亮介先生をお招きして講演会を開くことになりました。いま新型コロナ・ウィルスによる影響で学校が休校になっております。そのおかげで，というとちょっと皮肉かもしれませんけれども，時間的な余裕ができたので，ふだん忙しいときは考えられない，このようなむずかしいテーマについて，いまこそ考えるべきではないか。——そう思って，このような場を設定しました。

このテーマを長岡先生にお願いしたのは，じつは先週のことなんですけれども，快く承諾いただきました。長岡先生のプロフィールについては，事前に配信したポスターや文章の中で簡単に紹介をさせていただきましたが，少し補足しながら改めてご紹介したいと思います。

長岡亮介先生とは私が明治大学に在学しているときに出会ったので，ちょうど10年くらいのお付き合いがあります。初めて会ったときの衝撃は——ある福島の高校の先生の言葉を借りると，まさに「遭遇」という表現がふさわしい，そんな出会いでした。

ふつう「遭遇」という言葉は，クマと遭遇するとか，思いがけない出会いをしたときに使う言葉ですね。まあそのぐらい衝撃的だったんです。何が一番の衝撃だったかといいますと，私はもともと数学教師を目指しておりまして，学校で学ぶ数学に関してさまざまな疑問点をもっていました。その疑問を長岡先生にぶつけてみると，何を訊いても即座に答えが返ってくる（私が抱いていた「学校数学への関心」は数学科ではマイナーだったので，著名な数学者である先生方には質

問すること自体がためらわれました）。しかも，数学の歴史や思想・哲学といった
ことに踏み込んだ，とても興味深い答えなんです。「なんだ，そういうことだった
のか」と納得できる。どこにそんなにあるのかと思うくらいたくさんの引き出し
をもっておられて，納得できる答えを出してくださる。加えて，数学だけではな
くて，語学であれ，世界史であれ，「この人は知らないことがないんじゃないか」
と思うくらいで，まさに知の巨人というか，あまりに大きすぎて，近づけば近づ
くほど大きさがわからなくなる，そんな印象を受けました。

　長岡先生は，大学ではいわゆる理系に進まれたわけですけれども，高校時代は大
学受験の真っ只中や直前になってさえ，すべての教科で平均点9割を取り続けた
そうです。そのことを長岡先生の同級生で親友である歌手の小田和正さんは「伝
説の同級生」と評されています。

　しかし，ちょっと褒めすぎた感じなので，少しおちゃめなエピソードを一つ。

　長岡先生は数学者，数学の教員であるにもかかわらず，足し算・引き算・掛け
算・割り算が基本的に苦手で，先生がまともにその計算ができているのを私はま
だ一回も目撃したことがありません（ちなみに私も新妻先生も最初は計算が得意
だったんですけれども，長岡研究室に入ってから計算が苦手な「病気」が伝染して
きて，計算ができなくなってきました）。ところが，ここからがすごいんですけれ
ども，長岡先生は計算が一切できないにもかかわらず，数学はものすごくできる。
つまり数学は計算ではないということを，身を以て体現されている人なのです。

　さて，これが私の「長岡先生との遭遇」だったわけですけれども，その長岡先
生と中学生・高校生の皆さんとの出会いの場をぜひつくりたいと思い，今日のこ
の場を設けました。すでにビデオ・レターの中で，長岡先生から何のために学ぶ
のか，学問とは何かということに関して，簡単に，しかしとても深い，腑に落ち
るお話をしていただいていますが，もう少し具体的に，数学の話に限らず，その
他の分野の話，先生ご自身の経験のことなどに跳びながら，お話しいただこうと
思います。最終的に先生の今日の講演がどこに落ちつくのか，私にもわかりませ
ん。楽しみにしたいと思います。なお，講演のあと，視聴者の皆さんから質問を
受ける時間も取る予定です。

　では長岡先生，よろしくお願いいたします。

2. 講演のはじまり

みなさんこんにちは，長岡です。

2.1 若い時代の大切さ

私の今日の話の最初のメッセージは「みんな誰でも昔は若かった」ということです。そして，より大切なポイントは「若い時代は二度とやってこない」ということです。

私は自慢じゃありませんが——こういうふうに人がいうときは大体自慢であることが多いんですが——私はいわゆる童顔で，大学 3 年生のとき中学生に数学を教えるアルバイトの募集があったので応募し，あるところに訪ねていったんです。そしたら私自身が中学生の一人だと思われてしまった。若く見えてしまうのは，数学のことしか考えていなくて，あまり悩みがないせいかもしれません。

ともかく，私は数学のことしかよくわからないけれども，他のことにもいろいろ興味があって，本を読んだり考えたり行動したりして，そういう人生をずっと送ってきました。

あるときハッと気がついたら還暦から古稀になっていたのです。60 歳から 70 歳ですね。ついこのあいだ還暦のお祝いをしてもらったのに，還暦から古稀までの 10 年はほんの一瞬でした。古稀を過ぎた頃から「加齢黄斑変性」という眼病を患い，次に「胃癌」，そしてごく最近「圧迫骨折」を患った。だんだん死が近づいてきているという状況になりましたけれども，気持ちとしては 10 代のときとあまり変わっていない。それだけ死が近づいてきても，「私は死なない。なぜか。私にはまだやらなければいけないミッションが残ってるから」，そういう気持ちで生きています。考えてみると，少年時代からずっとこういうふうに生きてきたような気がするんです。

ところで，最近は新型コロナ・ウィルス感染症，国際的には 2019 年型コロナ・ウィルス感染症 COVID-19，こういう言い方がなされています。日本では「新型」が強調されていますが，新型だから怖いというわけではない。新型なんて，世の中にはいくらでも出てくるんですね。すべてのものが新型だといってもいいくらい。子どもだって，生まれてくる赤ちゃんだって，すべてが新型なんです。

ただし，今回のコロナ・ウィルスには，特有の奥行きというか深さというか，たとえば感染者の症状の進行の多様性といった，そういう新しさがあって，私たち

のいままで蓄積してきた知識や経験がまるで通用しない。そういう局面がずっと続いているわけです。ですから私たちはいやが上にも慎重にならざるをえない。

　しかし、それと同時に、「こんなもので自分たちの可能性が押し潰されてたまるか」と、君たちは固く心に誓ってください。**現実の世の中には危険がいっぱいです。だから不安だらけです。**しかし、人生とはそういうものです。「安心・安全」——これは政治家が人気取りのためにいっているだけであって、**安心・安全な人生はありえない**、ということです。これがまず私が君たちにお伝えしたいことです。どんなに anti-aging や先端医療の世話になっても、**人は必ず老い、必ず死にます。**お坊さんなら「 儚 い人生」ということでしょう。

　こういうことがわかった上で、では、「**たった一度きりの儚い人生を、何のために生きるのか？**」という問いを考えましょう。

2.2　儚い人生を豊かにする学問体験

　いろいろな答えがあるでしょうが、私自身は、この儚い人生を儚くないものとする、**最も基本的で唯一の秘訣、それは若い時代の学びの体験あるいは学問体験**だと、そう思っています。いいかえると、私たちは自分の人生を豊かにするために学ぶのだ、ということです。

　気の毒なことですが、学んだことがない人は、その豊かさを知らない。また、「学歴によって偉くなれる」とか「良い大学を卒業することでリッチになれる」、そういうことをいう人もいっぱいいます。大発明をして特許を取って大金持ちになる、そういうコースを考えている人もあるかもしれない。また、大学である程度の専門知識を修めると、一定の社会的な資格を得られるということもあります。弁護士[1]とか医者[2]がそうですね。たとえば、お医者でも、自分の命を削って人のために活動している立派な人もいっぱい見られます。また一方では、美容整形のように劣等感に悩む人のために診療をしている人もいる。美容整形全般のことを悪くいうつもりではありませんが、私自身はせっかく医者になりながら、とは思います。

　しかし、いずれにせよ、**本当の意味で豊かに生きるとはどういうことなのか、**

---

1)　弁護士は司法試験に合格すればじつは大学卒業資格は不要です。外交官の外交官試験と一緒です。
2)　医者は、文科省に認められた大学医学部を卒業して医師国家試験に合格する必要があります。

それはお金持ちになるとか，偉くなって人の前で威張れるとか，そういうことではなくて，**心の内面から豊かになる**ということだと私は思います。大袈裟にいえば，ほっぺたをひっぱたかれたら反対側のほっぺたを出してもいい，というくらいの心の余裕がもてるということですね。そんなこと，なかなかできないですよ。ひっぱたかれたら絶対ひっぱたき返せ，これはもうほとんど人生の鉄則です。しかし，本当にもっと心が豊かになるとじつは違う生き方が見えてくる。それを昔の人は，「宗教的な悟り」などといってきたわけですが，じつは私にいわせると，この悟りは，何か宗教的な厳しい修行に耐えて達成される神秘的な境地というのではまったくなくて，学びとか学問と真剣に対峙した経験，誠実に向き合った経験，そういうことで得られると考えています。

　君たちはまだ中学生・高校生ですね！　まさに**人生で最も輝かしい時代**に生きているのです。「輝かしい時代」といったからといって誤解しないでください。私はその時代に戻りたいと思いません。なぜかというと，あんなひどい無知蒙昧，まったく何もわからないままさまよい歩いていた自分に戻りたいとは思わない。あのころは何もわかっていなかった。悩みばかり多かった。だからその時代に戻りたいとは思いませんが，でも**あの時代ほど輝ける時間はなかった**ということも，疑いようのない事実です。なぜか。それは**毎日毎日が新鮮**だったからです。毎日毎日，「新しい出会い」に出会っていたからです。

2.3　一期一会の学問体験

　君たちの中で，お茶を習っている人はいらっしゃるでしょうか。

　おそらく現在でも，茶道を習っている人は少なくありませんが，私にいわせると，茶道をやっているほとんどの人がお茶の心に迫ろうとしていない。日本の茶道はいまや単なるお稽古ごとになってしまっていて，茶道の大本である千利休の思想に立ち返っていこうとしている人は少ないように思います。

　茶道は不思議な世界です。利休という人は本当に偉い人だと思います。というのは，利休は自分が教えた弟子たちは利休の精神を理解せず，跡目争いをするに違いないとわかっていた。だから彼は，どんな跡継ぎを経由しても自分の精神が伝わるように，極めて厳格・厳密な，ガチガチのスタイルを確立した。そのスタイルを通して，自分の伝えたい精神・思想が，時を超え，ところを超えて，伝達できるに違いない，そう利休は考えたのだと思います。

　お茶には決まりごとが山ほどあって，本当に大変です。お茶を一服いただくの

に，こんなにたくさんのしきたりがあるのかと思うくらいです。でも，利休が伝えたかったのは，おそらくそういうしきたりそのものではなかったのではないか。そうではなくて，彼が伝えたかったことは，「一期一会」——一期の期は，人生最期の期ですね——という有名な言葉に象徴される精神ではないかと思うのです。人との出会いは，すべて一期一会。今日はじめて会った人，それがその人との人生で最期の出会いになるかもしれない。多くの人との平凡そうに見える日々の出会いが，もしかしたら人生で最期の出会いかもしれない。そういう風に考えて，心を尽くし，魂を挙げて，その人のためになることをせよ，と。

　一言でいえば，これが中学生でもわかる「利休入門」というところでしょうか。茶道は相手に対する「おもてなし」だという人もいますが，私はそんな「軽い」ものではなくて，切腹や臨終を覚悟するような出会いが，平凡な日々に隠れて毎日やってきているのだと，いうことだと思います。

　今日，君たちとこのようにして出会えたのも，谷田部・磯山・新妻の三先生という私の教え子の縁によって，若い君たちと Internet という間接的なメディアを通じてではありますが，お話しする機会を与えられたことに対して，深く感謝したいと思います。この一期一会の出会いが，君たち一人一人の生活をより豊かなものにするために，少しでも役に立ってくれればと願っています。

3.　そろそろ，本論を

　さて，副校長の宮﨑先生からいただいたテーマ「学びとは何か，何のために学ぶのか」について，簡単なものをビデオ・レターとして作って，すでに君たちに配信されていますから，それをごらんになった方もいらっしゃるかと思います。

　でも，そういう一方的なビデオ・レターでは，数学として最も大切な《証明》がないんです。爺さんが偉そうに若者に対して何か人生を語っている，そういう感じで聞いた人も多いかもしれません。

　今日の講演では，そのビデオ・レターで私が君たちにお伝えしたかったことが決して「年寄りの繰り言」ではなくて，じつは，数学的な論証を伴う厳密な命題なのだということ，それをお伝えしたい。ですから，これからの話は証明を伴っています。だから親父の説教やお袋のボヤキとか，機嫌の悪い先生の話などのように，気楽に聞き流してしまってはいけないんですよ。わかりますか。ともかく，そういう趣旨で，論証を与えたいと思います。

3.1 証明すべき定理の提示

　論証される命題（propositon）を定理（theorem）といって，定理のあとに付く論証を証明（proof）といいます。まず最初に定理を挙げたいと思います。

　なお，これからの話に関係する資料（講演資料）は，君たちにすでにお配りしてありますから，それを手元に用意していただけますか（本書 p.57〜p.67）。

3.1.1 証明すべき定理の提示

　まず最初に，学ぶということ，学習することの**目的，目標，方法，成果**，それらは一体何であるのかが書かれています。少し急いで作ったので，ミス・プリントも含まれているかもしれませんが，お許しいただきたいと思います。

3.1.2 学習の目的

　まず，**学ぶことの目的**は何なのか。一言でいえば，昔の人，古人といいますね，それから私たちの先輩，むずかしくは先達という表現もあります。そういう人たちが獲得した**広大な知の世界**——知というのは，単なる知識ではなく技と呼ぶべきものもあるでしょう——我々の人類のありとあらゆる知，それを継承すると同時に発展させて，**このような知を通してより豊かな生活，人生を実現**することであるといえます。

　学習の目的は，豊かな生活，豊かな人生を実現することです。では，この**豊かな生活，豊かな人生とは何か**。あとで触れますが，ここが大事なところです。

3.1.3 学習の目標

　では次に，**学習の目標**とは何か。一人一人の人がみんな自分の中に可能性をもっている。しかしその可能性にほとんどの人は気がついていない。自分自身の中にどういう可能性が，どういう能力や才能が眠っているのか。その可能性は人類の宝，大切な資源です。しかし，発見しなければ永遠に失われてしまう。資源というと，人々がすぐに連想するのは鉱物資源，石油資源かもしれません。金鉱脈もそうですね。これらは発見されなければ鉱脈のまま，地下に深く眠っています。天然資源であれば，いまは地面の下に眠っていても，いつか誰かが発見してくれるかもしれない。しかしこれに対し，若い人のもっている可能性や才能は，もし誰もそれに気づかなかったならば，永遠に失われてしまいます。

　そういう**君たちの中に眠る可能性を発見**し，その能力を活かして周囲の人々に対して自分たちができる貢献の道を見出すこと，他者に価値のある存在として自

分の生きる意味を見出すこと，これが学習の目標だろうと思います。

　〔何か技術的なトラブルが発生したようですね。ではちょっと雑談をしましょう。

　技術的なトラブルというのは必ずあるもので，技術のトラブルが完全に克服されるなどという日は永遠に来ない。「なぜそんなことが予想できなかったのか！」と，技術を知らないくせにいろいろと文句をいう人がいっぱいいますけれど，トラブルが起きたあとからなら誰でもいえる。前もって技術に潜む危険性を考えて，それを防ぐための対策をいろいろと考えるという謙虚な知性と永続的な努力が必要であるのに，どうも数学を知らない人が多いせいか，理論と技術の間にある根本的な違いがわかっていない。

　とくに，あらゆる先端的な技術がいかに危うい条件のもとに成り立っているか，あまりに知らないのです。無責任な「絶対安全」という言葉を聞いて勝手に「安心」する。より安心してもらうために対策を打とうとすると，「それではいままでは安全でなかったということではないか！」と来る。「そんな危険は絶対にないと断言できるのか」。こういうことを勇ましく発言する人は確かにいるんですが，この世の中で起きていることはすべてありえないことの連続なんです。

　私と谷田部先生，新妻先生，磯山先生とが出会うということ，これは考えてみれば，確率的にはほとんど0の事象です。いま地球に生きている人間が約70〜80億人います。その中で日本人だけでも1億人ぐらいいるわけですね。1億人の中で，たまたま同じように数学をやって，同じように教育に関心をもち，同じように今の学校教育はおかしいのではないかと考えている人，というふうに条件を絞っていくと，ほとんどいないはずですね。たとえいたとしても，出会う可能性はほとんどない。

　かつて若い女性がよく「三高」とかいって，背が高い，収入が高い，それから学歴が高いと，偉そうに男性に条件を付けていました。これに対して「条件をつければつけるほど相手がいなくなるんだぞ」と私はよく若い女性にいっていました。「みんなが三高といったら，むしろ三低歓迎で迫れ。そうすれば検索範囲が広がる」と。しかし，検索範囲を広げたからといって理想の相手と出会えるとは限りません。確率が少々増大するだけです。人と人の出会いは本当に奇跡的な偶然の産物で，その意味で人生は奇跡の連続でありまして，

起こっていることは確率的に考えるとありえないような，そういうごくわず
かな確率でしかない。

　あ，復旧したようですね。続けましょう。〕

　そして，学習の目標というのは，君たちが自分の才能を発見して，君たちが社
会に対して貢献できるような人材になっていくということですね。

　これに関連して，大切な問題を一つ。君たちの中には何かやりたいことが決まっ
ていなくてなかなか大学進学が決まらない，早く自分の専門を決めるようにとア
ドバイスする先生がいるかもしれません。専門を早く決めれば，確かに自分で勉
強すべきことが絞りやすいし，合格しやすくなるかもしれません。

　しかし私にいわせると，早く専門を決めるということは，自分の可能性を早く
狭めてしまうということです。確かに可能性を狭めることによって，その可能性
に向かって一直線に，まっしぐらにその道が拓けるかもしれない。そのこと自身
は間違ってはいないけれども，本当はもっと**大切**なことがあるんです。それは，
**君たちの中に君たち自身も気がついてない可能性が眠っているはずですが，それ
を呼び覚ますために多くの経験，多くの勉強，多くの時間が必要だ**ということで
す。もし可能性が眠っていることに君たち自身が気がつかないとしたら，それは
とても残念なことではないでしょうか。そして，それは社会にとっても大きな損
失であると思います。そういう可能性の開拓が忘れられ，目先の目標を達成する
ことにしか関心が行かないのは，とても残念なことです。

3.1.4　学習の方法

　では，そういう本格的な可能性の発掘に向けて学習をするためにどういう方法
を取るべきかというと，まず一番基本的なことは，**先達や古人の知恵と知識，**そ
れをまず**踏み台，ステップ・ボードとして，少しでも高く跳ぶ体勢を準備**するこ
とです。先達の残した英知は何よりもありがたいものです。《学問》という《体系
的な知》は，先達が後世の人のために理解しやすく，習得しやすい形にしてくれ
たものですから，そんな便利なものを，後の世に生きる私たちが利用しない手は
ないですよね。

　しかし大事なことは，先人の知識はただの踏み台であって，**踏み台そのものが
学習の目標ではない**という点です。その踏み台に対して，批判的な思索，たとえ
ば「こんなことをいった人がいるけれど，これ本当なのかな？」とか，あるいは
「本当に深い真理といえるのか？」といった自らの思索をすることが重要です。単

に暗唱してすらすら同じことがいえるようになるという受動的な態度は，そもそも学びの方法ではない！　ということです。「批判的」という言葉は少しむずかしいので，あとでまた触れましょう。

3.1.5　学びの道は平坦でない。しかし，……

　しかし，そもそも他人が考えた深い真理を理解すること自体が，決してやさしいことではない。真理が深いものであればあるほど，それを理解するための努力は，しばしば，かなり辛い努力であることが多いと思います。

　心から尊敬する先達に必死に教えを乞うというつもりで，一生懸命頑張って，それでも「わからない，わからない」とつぶやいているのに，冷たく突き放されるように，峻厳な真理がこちらの理解を阻むように立ちはだかる，そういう場面に遭遇することは決して少なくない。そんなとき，「師よ，道を必死に模索している私に対して，なぜそんなに冷たいのでしょうか」と，そんな不平をいいたくなることもあるかと思います。

　ほんとに辛いんですね，むずかしいことを理解しようとしてなかなかわからないときは。もちろん辛いことは勉強に限らないと思います。しかし，**勉強することでも辛いことは多い**。

　しかしその辛さは，**耐えるに値するものである**ということも，同時に強調したいと思います。苦労して理解できたときの甘美な充足感が，一番わかりやすい最大の報酬です。これは経験していない若い人にはなかなか共感するのがむずかしいでしょうが，難解な勉強に慣れてくると，難解さそのものが楽しくなるものです。不思議に聞こえるでしょう。この楽しさにはいろいろな側面がありますが，**「わからないことがより詳しくわかってくる」**という認識の深化の喜びです。

　でも，これはやってみた人にしかわからないので，あまりこの話題に深入りすることは，ここでは慎みましょう。

3.1.6　学問的な理解の醍醐味

　一般論として，意味のある苦労は，私は人生でとても重要な経験だと思います。そういう苦労を通して**新しい世界が発見できる**からです。新世界の発見なんて，もう地球には残っていないと思う人がいるかもしれませんが，じつは，いままでぼんやりと眺めて見た気になっていただけで本当の核心は見えていなかった，ということはたくさんあります。

　教訓的な一例ですが，誰もがお月様を飽きずに眺めた経験があると思います。

私もそうです。満月も三日月もそれぞれ美しいと思いますが，君たちは月に地球と同じような山や谷があるのを見たことがありますか？　隕石の衝突でできたクレーターで覆われているというのは現代の常識ですが，漫然と月を眺めている人には餅をつく兎のような模様しかわかりません。ところが，なんとガリレオ・ガリレイは，開発されたばかりの，いまから見れば玩具のような望遠鏡で，ちょうど半月のときの月を詳細に観測することにより，月に地球と同じような山と谷があることを発見したんです。漫然と眺めることと科学的に本質を見ることの違いです。月を眺めていた人はものすごく多いはずなのに，月に山や谷があることを最初に見たのはガリレオ・ガリレイだったのですね。

　このような大発見でなくても，**それぞれの人に，新しい世界との劇的な出会い**はあると思います。子どもたちにとってもです。しかも，とくに**数学ではそのような発見がゴロゴロとある**。数学は，そういう意味で，とても奇妙で稀有な科目の一つなんです。他の学問はむずかしすぎて，最初のステップ・ボートを跳ぶことですら容易でない。すごくたくさんの準備が必要です。でも数学なら，小学生でさえ数学者と同じように小さな発見者になれる。そのことをこれからお話ししたいと思います。

　先にも出しましたが，《批判的な思考》を，これからの話のキーワードとして憶えておいてください。日本では「批判」というと，「非難」と同じように，否定的な意味で使われることが多いように思いますが，そうではなく，どんな人のいうことも鵜呑みにしない，ということです。欧米では critical thinking は学校教育の中で最も大切な目標に置かれています。どこかの首相がいったことを鵜呑みにして，その通りだと思っている，そんなおめでたい人は君たちの中にはいないと思いますけれど，でも，たとえ深く尊敬する立派な先生がおっしゃった言葉であっても，「それは本当かな，本当に正しいのかな？」と，相槌を保留して，自分で納得するまで考える。それが批判的な思考の意味です。**このような思索を通じて，君たちも真理の発見への道が開ける**ということです。小さいかもしれないけれど，君たち自身の発見です！　具体的な話題はあとでいたします。

3.2　学習の成果

　最後に，学ぶこと，学習の成果は何なのか，という話題です。そういう学習によってどういうことが達成されるのか。これは最も広い意味で受け止めていただきたいのですが，私たちが**抱えている厄介な問題に対する解決手段の提供**，ある

いはそういう**提供のための前提条件の整備**であると思います。

　すでに君たちもご存知のように，私たちの世界は，私が子どものころ描いていたよりもはるかに複雑でむずかしい問題に取り囲まれているわけですね。

　国際政治ではナショナリズムが勃興してきています。それぞれの国の国内政治ではポピュリズム，大衆迎合主義が，もはや笑って無視することができないくらい大きくなってきている。それを食い止めるために，私たちは何をなすべきなのか，私たちが何をしなかったためにこうなってしまったのか，そういうむずかしい問題が，いますべての人に問われていると思います。けれども，そういうむずかしい問題に対して答えを出すのは容易でない。問題を深く捉え，正確に定式化し，その問題を解決するための手順を論理的に整理すること，これは豊かな学識があってこそ初めて可能になることではないかと思います。

　時には批判的な思考だけではなくて，**独創的なアイディア**も必要になると思います。

　そういう批判的な思考，独創的な思考を通して，もし誤ったアプローチをする人たちがいたら，それを諫（いさ）める。「それは間違ってる」「間違ってるものは間違ってるんだ」「たとえ耳に心地よくてもそれは正しくないんだ」「私たちの社会全体の本当の発展のために良いことをしなければならないんだ」と指摘する。**正しいアプローチを粘り強く探り，自分の身の回りの問題から改革を提起していくことを通して，より大きな世界の正義と平和を実現していくこと**，これが学問の成果である，と思うのです。そのような大きな仕事のために，まず**自らを学問という砥石（といし）で磨く**ことが大切であるということです。

3.3　でも，大切なのは

　学問の成果ということについて，いま私は偉そうにいいましたけれど，これは**口でいうのはじつに簡単**でありまして，私のビデオ・レターと同じで，君たちは「あのジジイがまたいい加減なことをいってるよ」と，そういうふうに聞かれたかもしれません。

　でも，**大事なのは中身**，とくに大事なのは「豊かな生活」とか「豊かな人生」というキーワードの意味がまだ不明であるということです。「豊か」ということについて，私は何の定義もしていない。「豊か」はリッチということじゃないかといわれるかもしれません。確かに英単語に直せば rich とか wealthy といっていいかもしれませんが，**経済的に豊かであることがしばしば人としての幸せとつながっ**

32

ていない——これを私は**人生の深遠なパラドックス**（逆説 paradox）[3]と呼んでいるのですけれど——，金持ちほど何か貧しい，貧しい人のほうがじつは豊かに生きているという，とても不思議なことが多いわけです。

3.4　学生という特権階級

　そういうことを考えれば，先ほどいったような学問の目的，目標，方法，成果，そういうものを口でいう綺麗事（きれいごと）で済ませてはならないのです。私たち毎日を生きる人々は，日々学問に接します。あるいは学びます。しかし，その《内実》（ないじつ）が問われているということです。

　君たちのような学生時代は，学ぶだけでいいという身分ですね。24時間を学びに使っていい。24時間学びに使えるって，これはすごい！　特別に幸せな身分なんです。私などのように年寄りになってくると，他にやらなきゃいけないことがいっぱいあるわけです。子育てとかガールフレンドの世話とか，幸い私はすでにそれらは修了しましたが，他にいろいろと仕事がある。しかし学生時代は100％，自分の学びに使っていい。

　しかし，**学ばなければいけないのは決して学生たちだけではなくて，大人になってもジジババになっても，一生のあいだ勉強は続く**のだということを忘れてはなりません。勉強は学校時代で終わるのだと思っている人は，学生時代にあまり勉強した経験がないのでしょう。知的な意味で貧しい学生時代を送ったに違いない。そういう人が私の知人にもいて，いい歳になっても数学の試験の悪夢を見るという。よほど悪い教師に習ったのか，よほど勉強の仕方が悪かったのか，あるいはよほど先生のいうことを素直に聞いていたのでしょうね。私のように，先生のいうことを鵜呑みにせずに自分で学んでいれば，充実した学生時代を送ることができたし，生涯を通じてそのような楽しい勉強生活を続けることができるのです。

　やはり一瞬一瞬を大切にして学んでいくこと，これが大切です。とくに若いうちは，学びは新鮮ですから，昨日より今日は，より賢くなっている。今日より明日は，より賢くなる。私のように歳を取ると，こんなことはなかなかありません。

　君たちに今日憶えておいてほしいもう一つの言葉があります。さきほどの《批

---

　[3]　パラドックスとは，常識的にはありえないと思ってしまう主張でありながら，よく考えると，その中に隠れた深い真理が見えてくるような，考える経験のない人には永遠にわからない主張のことであると考えてください。

判的な思考》と同じくらい大切なものですが，

明日ありと　思ふ心の仇 桜　夜半に嵐の吹かぬものかは

です。これは親鸞聖人という偉い坊さんの言葉です。松若丸と呼ばれていた子どものころ，あるお寺に修行に行ったのですが，到着が夜になってしまった。それでもその夜から親鸞が勉強したいと張り切っていると，勉強は明日からでいい，今日はお前はくたびれているだろうから，ゆっくり休んで明日に備えなさい，といわれた。そのとき親鸞がこういう風に歌って反論したのだそうです。

　夜嵐が来て桜がみんな散ってしまうかもしれない，明日も今日と同じように桜があるだろうか。そういう生半可な人生を生きてるあなたは間違っているんじゃないか。──若き親鸞は偉い坊さんに対して反論したわけですね。生意気な子どもだったと思いますけれど，すばらしい言葉です。

　これを憶えておいていただければ，私の今日の話はほとんど終わったようなものですが，次に数学の話に入りましょう。少しずつ「証明」に入っていこうと思います。

4.　証明を開始する前に

4.1　いまどきの数学教育のスタイル

　講演資料の「はじめに」のところですが，いまどきの学校では，2次関数 $y = ax^2 + bx + c$ をどういうふうに学習指導しているかというと，教科書や参考書のまず冒頭に，この基本となる $y = x^2$ のグラフを描くと右の図のようになっていることをあげるでしょう。

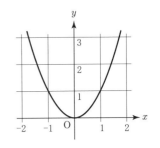

　そして，原点のところで細く丸く反っていて，ここを頂点と呼ぶとか，y 軸に関して対称であるといった，細かい注意がされることと思います。

　しかし，《どうしてこういう曲線になるのか》という最も基本的なことを，まず学習者に徹底的に考えさせるという教育スタイルが，最近はぐんと少なくなっています。いわばワンマン社長の朝礼訓示のような「最初に結論ありき」で，それに疑問をもって批判的に考えることが生徒にはまったく期待されていない。生

徒は素直に憶えればよい，という姿勢です。

　しかし資料に載せたグラフは，価値があるものではありません。じつはこれは Apple© 社の Grapher© という無料のソフトで描いたものです。iPhone© をもっている人でも，Grapher© を使っている人はあまりいないかもしれません。こんなグラフがおまけソフトで，x の 2 乗と入れるだけでパッと描ける。私としては折角ならもっと強力なツールを使ってほしいと思って，資料の脚注に情報を書いておいたので，あとで読んでください（p.58）。

　君たちは，数学の先生から「正確なグラフを描け」といわれて，素直に学習してきたかもしれません。でも，「正確なグラフを描け」といわれたら，「ハァイ！」と手を挙げて，こう反応してほしいですね。「先生，正確なグラフってどういうことを意味するんですか？」「正確って，何をもって正確っていうんですか？」「先生，グラフって点の集まりですよね。点って大きさがあるのですか？　大きさのない点が集まったら目に見えるのですか。それ，おかしくないですか？」「先生の描いた図，拡大していったら太い線になっているのですが，大丈夫ですか？」「先生，黒板のグラフは見た目にも滑らかになっていないんですけど，いいのですか？」……。

　こういうのは「質問」というより「意地悪」というべきですが，こんなことを発言したとき，先生方がどんな反応をするか楽しみです。谷田部先生にぜひ質問してください。あ，これは高校 1 年生かもしれないね。高校からの入学生に対して新妻先生がいまちょうど講義をしたと聞いていますから，意地悪するなら新妻先生がいいですね。もちろん，谷田部先生や新妻先生は，この程度の質問でおじけづくことはありえないと思いますけど。

　資料を先に進めましょう。検定教科書の「2 次関数」の章では，与えられた 2 次関数 $y = ax^2 + bx + c$ のグラフを描くことで解決できる問題の on parade ですから，教科書や参考書では，$y = ax^2 + bx + c$ のグラフを描く練習が，まず徹底して扱われるはずです。

　とくに，最近の参考書，そして残念ながら教科書まで，この潮流に飲み込まれているのが，《マニュアル化した数学的な理解を徹底する》というスタイルです。そのために「平方完成」のような計算手順が繰り返し指導されます。それだけでなく，次に引用する（資料にもあげてある）「2 次関数 $y = ax^2 + bx + c$ の減点されないグラフを描く 5 つのポイント」のようなスタイルの教育です。

> **2次関数 $y = ax^2 + bx + c$ の減点されないグラフを描く5つのポイント**
>
> - 頂点の座標（面倒な平方完成の技法の完全習得がポイント！）
> - 対称軸の方程式 (y 軸に平行という例外的な直線の方程式！)
> - 凹凸 (グラフを大雑把に決める重要な情報！)
> - 座標軸との共有点 (減点を避けるための最重要ポイント！)
> - 定義域と値域（理論上も応用上も大切なポイント！）

　なんだか，「3密」とか「5つのポイント」とか，このように数を使ったわかりやすいキャッチフレーズで大衆を指導する，こういうのは典型的な大衆扇動的な政治の常套手段ですね。要するに相手がバカであることを明確に意識して，誰でもわかるように徹底的に教育する，人間を相手にした教育というよりは動物の調教，あるいは全体主義国家でいまも続いている思想教育に近い。

　こういうことを教育の名においていわれたら，「俺のことバカにしてるな，なめんなよ」とまずいってやらなくてはいけない。たとえば俳句で「五七五」というルールは基本ですよ。だけど，そうでないものは守る必要はない。ここにある「5つのポイント」はどれも，数学的には全然ポイントでもなんでもない，と私は思います。それぞれについて詳しく触れる時間的余裕はないので，**こんなばかげたことが強調されるわりには，本当に大切なことがすっかり抜け落ちている**という深刻な問題点を指摘しておきたいと思います。

　「これさえ知っていれば，もう君たち，2次関数は征服しました。これさえ守れば大丈夫なんですよ」と，いまどきの「熱心」な先生はこうやって教えるのです。こういう教え方をするのは，昔は補習塾の先生でした。どうして補習塾の先生がそうなるのか。それは，そういう言葉で「食べている」からです。腕の悪いお医者さんが患者に親切なのと一緒です。「あー爺ちゃん，今日もよく来たね。いまのところ薬がよく効いていて顔色もいい。だいぶ良くなってきているね。だけど百歳まで生きるためには油断してはダメだよ。また次回の予約をしておいてね」と，それだけなのです。一番いいたいのは最後の一言なんですよね。要するにセールス・トーク，営業トークなのです。塾の先生たちもこういうのを営業トークとして使っているのでしょう。たとえ耳に痛い言葉であっても，本当にアドバイスを

必要とする患者や生徒に対して厳しくいえる人は，残念ながら，少ないのです。もし君たちがそういう例外的な医師や塾の先生に出会っていたなら，その好運に感謝して，一生お世話になりましょう！

　ところで，困ったことに，いまやかつての補習塾の教育スタイルが学校標準になりつつあるのですが，やはり私はこういうのは《本当の理解を目指す教育》とはまったく違うと思うんです。

4.2　本当の数学的な思索，数学的な理解に向かって

　数学的な理解とは何か，ということをこれからお話しすることによって，私がいってきたことが決して大袈裟でも嘘でもなんでもない，ごく当たり前のことだということを「証明」したいと思います。

　そのことを通じて，深く理解するとはどういうことか，いいかえると，わかるとわからないの間にある大きな溝や崖を超える醍醐味，世界が違って見えてくるすばらしい感動を体験する。自分が成長して遠くまで見通すことができるようになる満足，そして反対に，そのような高みに達したと思っていたのに，実際は本質が見えていなかったということに気づく驚愕と落胆。こういうことを通じて得られるより深い認識へと向かう限りない道を上っていることの誇りと使命感，そんなことを感じてほしいと思っています。

　そのためには，学校や塾で受動的に習う「お勉強」から脱出して，自ら書籍にあたり，進んで勉強するという態度が必須であることを理解してもらいたい。

4.2.1　2次関数を選んだ理由

　今日のこの講演を聴いてもらっているのは中学1年生から高校3年生までということなので，中1の人でもちょっと背伸びして無理すればわかる，中2，中3になればよくわかる，高1，高2，高3で数学が得意と思っている人ならさらにわかるはずだけれど，本当に以下の話がわかってくると，いままで自分は一体何をやっていたのか！　とちょっと焦る，そういう趣旨の話を，「2次関数」を素材に選んでしたいと思います。

　なぜこういう話をするかというと，どんな人にとっても「1回しかない人生」，その一回しかない人生の中でも「とりわけ大切な短い青春時代」，そういう青春の「最も貴重な時間」を有益に過ごしてほしい，絶対に無駄，無益な時間にしないでほしいと願うからです。

4.2.2　ハンディキャップは跳ね返すことができる！

　君たちがいま学校に通って来れないということは，大きなハンディキャップで
あることは確かです。友だちと会えないんですから。その点だけを見ても本当に
気の毒です。先生から学ぶことも多いけれど，友だちから学ぶことは，もっと多
い。とくに，「良い友だち」から学ぶというより「悪い友だち」から学ぶこと，こ
れがものすごく多いですね。むずかしくいうと，《異質なものとの出会い》――こ
れが人間の成長にとってとても重要な鍵だと思います。それぞれに個性ある友だ
ちはとても大切ですね。

　他方，学校に来れないおかげで，たとえばこのオンライン講演会のような，い
ろいろなプログラムが通常よりも弾力的にできるということは，「不幸中の幸い」
というものです。「人生には完全な不運はない。あるのは，不運を好運に転換で
きず無駄にしてしまう生き方があるだけだ」――これは私が人生で得た教訓です。

　しかし，それ以上に遥かに生徒諸君にとって画期的な好運だと思ったのは，茗
溪学園の先生方から伺った，**教育スタイルの刷新**の話です。君たちが自宅で自ら
教科書を深く読み，出された課題に挑戦し，自分で考えた自分なりの解答とその
過程で生まれた疑問を文章化して先生に提起するという，《**自学自習を基本とし
た本来の学習の姿**》に接近することによって，驚くほど深い理解を達成している
という話です。これは，私から見ると，この数十年の日本中の学校が辿ってきた
教員主導型＝生徒の自立抑制型の教育スタイルの動きにブレーキをかけ，それを
大反転したということで，コロナ騒ぎを契機に，いまこの学校に，なんとすばら
しい《奇跡的な改革》が起きているのだろう！と思いました。

　「教員が手取り足取りで指導しないと，特別の才能に恵まれている生徒以外は，
勉強しない」という「ベテラン」の先生の話をよく聞きます。生徒自身が成長す
る自学型の教育を実践していないことの結果だと思います。教員指導型でないと
効率の良い教育ができないと思い込んでいる教員が多いのは気の毒なことですが，
教員自身が自分の受けた貧弱な教育のせいで，若い生徒の学びの可能性を信じら
れない，若い生徒が学びを通じて成長していくことを心から信じられないからだ
と思うのです。

　自分で「わかった！」という経験がない人には，「わかる」ことの奇跡が信じら
れないようですが，じつは**学びというのは，自発的にやってこそ大きな成果を生
むものなんです**。暗記を推奨するような受動的な教育では，勉強は苦痛や忍耐に
すぎず，結果としてひどく非能率です。

　もしコロナ・ウィルスの騒ぎがなかったら，そして，君たちがふつうに学校に通っていたら，君たちは従来と同じように，学校から課される日々の課題を毎日勤勉にこなすという，《受動的なお勉強の日々》を，何も考えずに＝批判的な精神なしに過ごし，それで勉強をやった気分になって，やがて平凡に学校を卒業し，生きた知恵とは縁遠い，教科書的な「知識」と学内試験にしか通用しない「学力」と，狭い経験だけに基づく貧弱な「将来展望」をもって大学に進み，その後に「ふつうの生活」を漠然とイメージするだけの平凡な大人になっていた，その可能性は小さくないと思います。脅迫めいて聞こえるかもしれませんが，ここから先は私から君たち若い世代に送る《警鐘》です。

　これまでの日本では，そのような自立できていない子どものように未熟な「大人」でも，一人前に振る舞って生きていることができる，それなりの《余裕》が社会にありました。製造ラインの機械化・自動化・ロボット化，管理業務のコンピュータ化，経営のシステム化のおかげで，毎日，徹底した思索・研究・決断をして働くことは一部の人に任せていられるゆとりがあったということです。

　そして，そのような大人社会のぬるま湯的な状況を反映して，日本の学校は生徒を，《自立》に向けて《批判的な学問的精神》を厳しく鍛えるというよりは，集団の中に融け込み，その中の一員として動く，勤勉で従順な人間を育てるという目標に傾きがちでした。典型的なのは，「自学自習」が多くの学校で，教育方針を飾る単なる美辞麗句になり下がっていたことです。いいかえれば，多くの教育現場では，「有名大学」への合格者数を少しでも増加させることだけが学校教育の基本目標となっていたことです。少子化で，かつての有名大学の多くは定員過剰で悪化する経営を文科省の補助金に頼っている現状があるにもかかわらず，です。

　しかし，君たちがおそらく感じているように，日本社会は，もはやかつてのような力をもっていません。高齢化＋少子化という名の深刻な人口問題を引用すれば誰の目にも明らかですが，私たちの社会は，かつての余裕を失い，ぎくしゃくした問題を多く抱える社会へと転落しつつあります。効率性と無駄の削除を誇ってきた日本が，緊急事態に対して，人口肺（ECMO）のような高度医療器具の不足どころか，マスクや消毒用アルコールのような low-tech の製品でさえ供給が怪しくなるほど，生産・供給ともに弱体の社会であることも判明しました。

　そういう社会へ君たちは，社会の担い手として出ていくことが決まっています。かつてのような甘い夢を見たくても，根拠のない夢を支える社会的基盤がもうないのです。ですから，君たちはそういう厳しい世の中で，君たち自身を含む人々

の豊かな生活を実現できる人として，有用な人材でなければなりません。客観的な思考力，冷静な判断力，勇気ある決断力の人であることが必須不可欠なのです。

　しかし，今回のウィルスの世界的流行が毎日の国際ニュースとなっているいまですら，オリンピック開催の「夢」を忘れられず，NHK は空いた放送枠を昔の番組で必死に埋め，誰も断念を口にすることをためらわざるをえない状況が続いていることでも明らかなように，多様な意見をもつ私たち国民の《豊かな暮らし》のための合意形成を促すような英知は，政治にも行政にも，またマスコミ・ミニコミの情報に流される国民にも，あまり期待できません。多くの日本人は，気楽な古き良き時代をうまく泳いで生きてきたというだけであって，国際的な視野に立って真にむずかしい局面を乗り切ってきた人は，じつに少ないということを感じます。

5.　いよいよ証明の内容に

　さて，いよいよ《証明》に本格的に入りましょう。お配りしてある講演資料では 参考資料 となっていますが（本書 p.59 以降），それの詳しい展開は，君たちの数学担当の先生にお任せしようと思っています。しかし，残された時間で少しでも，私の主張の証明，すなわち内容に接近するためのヒントを差し上げたいと思います。

5.1　参考資料の意図

　なぜ参考資料となっているかというと，私は昔から，日本の学校教育はあまりにも硬直化しすぎている，と思ってきました。——学習指導要領という一種の法律によって，全国一律のカリキュラムで，たとえば16歳の青年だったら全員これこれを勉強するという具合いに詳細に決まっているけれど，それはおかしいだろう，人にはいろんな才能が眠っているのだから，才能のある小学生が微分積分を勉強したり，反対に大学生になってから分数がやっとわかったとか，そういう多様な学習が認められるべきであり，センター試験のように，理学部，工学部に進む人から医学部や文学部，芸術学部など，多様な進路に進む人に対して同じ試験問題を科すのはそもそも不可解，不合理である，と。

　そして，数学の学習を実質的にするためにカリキュラムを弾力化させたい，弾力的なラーニングを実現できるように学校をフレキシブルにしたい，そういう夢

をもっていました。そのためには，その幹（stem）となるカリキュラムを，学年別＝年齢別ではなくて，主題別に作るべきであると考えました。幹となる数学の，遠く楽しい旅全体の地図やそのためのガイドです。数学は長い長い道のりです。しかしその長い道のりが，決して簡単ではないけれども，不条理な繰り返しではなくて，歩めば歩むほど楽しさが倍増する，そういう道だということを示すもの，そういうものを作りたい，と思ったわけです。

　今回，磯山先生，谷田部先生，新妻先生はじめ，エネルギッシュな若い先生たちとの対話を通じて，じつは私の中で冬眠状態となっていた，半ば諦めていたプロジェクトを，もう一度再起動させようと思ったのです。この参考資料は，そのためのきっかけとして作りはじめているものの１つです。

　これを学習するのは，たとえ小学生でもかまわない，どこまでもどんどん先に進んでもいい，逆にいくらゆっくりでもいい，ということです。いま茗溪学園では，２次関数は高校１年で勉強しているそうですが，中１から高３までのどの学年の人に対してもそれなりに心に残る深いものということで，この資料を作りました。

　FT Domain の FT は Functions and Transformations,「関数と変換」という領域名の頭文字です。関数と変換は数学的には同じようなものなのですが，一昔前はさらに抽象化した「写像」という概念を高校１年で教えるという時代もありました。それはともかくとして，関数／変換の全体像を視野において，正比例・反比例から初等関数といわれる指数関数・対数関数，あるいは三角関数，あるいは大学で学ぶ関数までをも視野に入れて，それぞれの学習者の必要，希望，能力，……に応じて勉強してもらおうというシリーズの中の１ユニットです（１ユニットは授業１コマ分という意味ではありません）。

　２次関数のような簡単なものでも，ちょっと真面目に勉強すると不思議な魅力に満ちています。しかし，教師主導の効率的な教育だと，冒頭に示したように，さっとすませて終わり，あとはひたすら練習問題の反復になってしまいがちですが，これでは２次関数の魅力もわからないし，２次関数を通じて付けるべき考える力も付けられない。でも，ちょっとしたガイドに従い，《本当の数学》を《自ら学ぶ》という態度でやれば，楽しく実りある勉強が，多くの人が想像しているよりも遥かに容易にできるということを理解していただく機会となれば幸いです。

5.2　関数 $f(x) = x^2$ の基本性質 (1) —— 不動点

まず，$f(x)$ という記号は，関数を表す一般的な書き方で，「エフ エックス」と日本語で読みますけれど，英語では f of x というんですね。x の f の値，という主旨でしょうか。

$f(x) = x^2$ で x に 1 を代入すれば，右辺は 1^2 となって，計算すると 1 となる。これを $f(1) = 1$ と書きます。x に 2 を代入すると，右辺は 2^2 となって 4，x を 3 とすると，3^2 となって 9 となる。つまり，$f(2) = 4, f(3) = 9$。こういう具合いです。

関数は，一般には $f(x)$ と表現されるんですが，中学生，とくに低学年のころは関数を表すときに，$f(x)$ ではなくて，$y = \cdots$ と書いていました。これは数学的には不思議な伝統でありまして，何の根拠もない。なぜ y なのか，なぜ z じゃなくて y なのか，質問したことありますか？　中 2，中 3 で関数を勉強している人は，ぜひ質問してください。「$y = \cdots$ って何ですか？」と。「x の次だから y なんだよ」という説明があったら，「じゃ，どうして x の前じゃいけないのですか？」「次はわかっても前はわからないだろう」とおっしゃったら，その先生は辞書をあまり使わない先生ですね。w ってパッと答えたら，英語の辞書の使い手です。

さて，関数の振る舞い（behavior）を調べるときには，その「不動点」というものを調べるのが最初の一歩です。なぜそうなのか，その理由については時間の関係から今日は省きます。

2 次関数 $f(x) = x^2$ について不動点は何か？　これは x を 2 乗しても x 自身と変わらないもの，といったら，小学生でもわかりますよね。2 乗しても変わらないもの，みんな 1 と答えるんじゃないですか。$1 \times 1 = 1$ だから。しかし，1 しかないか？　「1 しかない！」って小学生だったら断定するかもしれません。でも，慎重な小学生ならば，「いや 0 もある」と答えると思うのですね。「じゃあ，0 と 1 以外にはないのか？」と聞くと，「0 と 1 以外には絶対ない！」と小学生は断定するでしょうね。

中学生はもしかしたら，あるんじゃないか，と思う。そしてもし君たちが中 3 以上であれば，「それは絶対にない」と断言できる。「複素数が入ればどうかな？」と聞くと，高校生なら「複素数の世界まで行ってもない」と断言できるでしょう。複素数の世界であっても，$x^2 = x$ という方程式は 2 次方程式ですから完全に解くことができてその解は「$x = 0$ または $x = 1$」だから，そう断言できるわけです。

「では，2 次方程式がそのようには解けない世界に行ったらどうなるんだ？」と

いうと，大学以上の数学では，$x^2 = x$ となるような x は，0 と 1 以外にもいくらでもあるんですね。じつはそれに対して冪等性（idempotency）という名前まで付いているくらいです。累乗して同じになるものはいくらでもありますから，もういちいち 0 とか 1 とかいっていられません。

　というわけで，このようなすごく簡単そうな話でも，じつは意外に奥深いのだということが，わかっていただけたでしょうか。

5.3　関数 $f(x) = x^2$ の基本性質 (2) ── 線対称性

　その次が $f(-x)$ です。これは何のことか，先ほどの練習でわかったと思いますけど，x のところに $-x$ を入れるということです。

5.3.1　x に $-x$ を代入？

　これは慣れないと，ちょっとむずかしいですね。「$x = -x$ ということなんですか？」「ということは $x = 0$ ということですか？」，そういう質問が当然出ると思いますけど，そういう初々しい質問は，是非その初々しい疑問を心に抱いたまま，人生をもうしばらく生きていってください。きっといつか，「あのころの自分は初々しかったな」と振り返る日があるはずですから。

　x に $-x$ を入れるということは，わかりやすく単純化していえば，x を一旦別の文字，たとえば u に置き換えて，今度はその u を $-x$ で置き換える。そういう手間を踏めば，矛盾なく説明できるのですが，それが面倒なので，いきなり「x に $-x$ を代入する」という言い方をするだけなんです。

　表面的に見ると不可解な，この種の数学の言葉の不親切な使い方は，数学ではよくあることなので，問題を感じずに通り過ぎてもらうのも 1 つの生き方でしょうね。しかし，こういうことに拘ってそこで躓いてしまう少し知的な人が数学から離れていってしまうとすれば，それはとても残念なことで，教育の責任は重いですね。

5.3.2　$f(-x)$ を計算するとわかること

　ともかく $f(x) = x^2$ の両辺で，x を $-x$ で置き換えると，$f(-x) = (-x)^2$ となります。ここで右辺は x^2 となりますから，じつは $f(-x)$ は $f(x)$ と同じだということです。$-x$ でも x でも f の値は同じ。この関係がつねに成り立つことを $f(x)$ は偶関数であるといいます。まぁ偶数みたいなものだということですね。なぜ偶数みたいなものだというのか。これは勉強が進むとわかるようになります

から，疑問をもち続けてください。

　こういう偶関数のグラフは y 軸に関して対称です。「これ，ポイントだね！」とか「大事だよ！」とか，教えてくれる先生もおられるかもしれません。

　しかしこんなことは，特別に憶える必要もありません。関数 $y = f(x)$ のグラフ上の任意の点 $\mathrm{P}(x, y)$ を取ってきて，それを y 軸に関して対称移動したとき，その点 P' の座標はどうなるか。y 軸に関して対称移動すると，ちょうど x 座標だけが符号がひっくりかえる。だから移った先は点 $\mathrm{P}'(-x, y)$ という点である。元の点 $\mathrm{P}(x, y)$ について $y = f(x)$ が成り立っていたのだから，$f(-x) = f(x)$ であるという場合には，点 $\mathrm{P}'(-x, y)$ についても $y = f(-x)$ が成り立つ。つまり P' も関数 $y = f(x)$ のグラフ上にある。グラフ上の任意の点 P を y 軸に関して対称移動した点 P' もそのグラフに乗っているということだから，そのグラフが y 軸に対称になるのは当たり前なんです。つまり，これは憶える必要がない，自明（trivial）なことなのです。

　こんなことを憶えていたら，人生，時間がいくらあっても足りない。憶えるまでもない，当たり前のことです。ですから，**偶関数のグラフは y 軸対称**などと，もし君たちの参考書や教科書にゴシック体で印刷してあったりしたら，直ちにそのページを破ってください。

5.3.3　憶えなくてよいものは憶えない！　という決意の重要性

　下らないことが強調されている参考書や教科書があったら，それをあえて「破る」ことで，わかったように強制する似而非教育を脱して，自分自身が心で感じるもの，理解したものに根を張る，真に「地に足をつけた学び」を実践することが大事です。人によっては「過激な思想」に見えます。

　じつは，「ページを破る」というのは私のオリジナルではなく，ある映画の受け売りです。私が観た映画で感動したものを，日々，谷田部先生に伝えているので，谷田部先生のクラスの生徒諸君はご存知かもしれませんが，Dead Poets Society，日本では「いまを生きる」と題名がついている映画ですが，その冒頭部分で，名優 Robin Williams 演ずる主人公の先生が「教科書を破れ」と指導するところが出てくるんですよ。

　最近の参考書は，だいたいこういう無駄なこと，要らぬことがさも大事そうに書いてあるんですね。検定教科書ですらそうです。

　どうしてでしょうか？　それは「生徒に考えさせないようにしている」からで

す。考えるのは辛いから，理解するのは面倒だから。そして「憶えればすむ」と安易に「指導」している。

　確かに君たちも，ついさっきの私の説明を聞いただけで，本当にわかったわけではなく，何か「狐にだまされた」ような感じであったかもしれません。きっと高校3年生くらいだったら，さすがにもうピシッと心に響いて，「こんなつまらないこと，一生懸命憶えていた自分がいかに愚かだったか」と反省していると思います。でも，中1くらいの生徒諸君は，「何をいっているのか，さっぱりわからない」のじゃないかと思います。それでかまいません。

5.3.4　数学的な理解の不思議なところ

　私は「こんなの，憶えるまでもなく当り前のことだ」といいましたけれど，「当たり前であることがわかる」ためには，考えないとダメなんです。これは**数学的な理解，本質へ迫る知的活動についての最大の逆説**ですね。**考えなくていいということがわかるために，考えることが必要**なんです。

　数学では，むずかしい定理の証明は一般に難解なものですが，進んだ証明になればなるほど，証明の最後のクライマックスが「すでに証明されたことから，それは明らかだ」という証明になることが多い。証明するまでもない，それは別のすでに証明の与えられた定理のコロラリー[4]にすぎない，という垢抜けた論証です。その他の方法ではものすごく途中段階があって，煩雑な計算で延々とやったものが，一瞬にして，これは別のある定理のコロラリーである，こういうふうに出てくるんですね。

　繰り返しますが，大事なことは，**考えなくてもいいということがわかるためには，考えなければならない**ということですね。私がいまいったことの中で，中1の諸君にはまったくわからなかったことがあっても心配しないでください。高3の諸君にはズンと胸に響いたはずです。

5.4　関数 $f(x) = x^2$ の基本性質 (3) —— 非負性

　次に，中1の諸君にも簡単にわかる高尚な話題に移りましょう。x を任意の実数（じっすう）（real number）とします。もし「実数」という言葉を知らなかったら，x は任意の数だと思ってください。

---

4)　英語の corollary。日本語では「系」と訳します。

「任意の数 x に対して $x^2 \geqq 0$ であり，かつ等号が成り立つ，つまり $x^2 = 0$ となるのは，$x = 0$ のとき，かつそのときに限る。」

こういったら，利発な諸君からは「そんなの当たり前じゃん。正の数と正の数を掛ければ正になるし，負の数と負の数を掛ければ正になる。2乗が0になるのは，0のときだけでしょ！」と，ふつう思いますよね。でも，それを本当に証明しようと思ったこと，ありますか？　「（負の数）×（負の数）は正の数」——これは電卓ですら憶えていますから，むずかしい規則ではありません。でも，どうして成り立つのでしょうか？　$(-1) \times (-1) = 1$ と単純化してもかまいません。多くの人が，全体主義国家の可哀想な子どもたちが従順を強いられているように，「権威からの命令」として暗記してすませる「勉強」を強いられているだけではないでしょうか。

しかし，ここでは残念ですが，この話題に時間を使う余裕がありません。君たちは心の中にそっと留めておいてください。

じつは「実数 x に対して $x^2 \geqq 0$ で，等号が成り立つのは，$x = 0$ のときかつそのときだけである」——この事実の中に，高等学校で学ぶ数学のかなりの部分が含まれてしまう，というくらい，これは重要な基本定理なんです。大事な事実です。教科書や参考書の「不等式の証明問題」などの単元でどうでもよいことが強調される傾向がありますが，最終的にはこの事実にすぎないのです。「相加平均・相乗平均に関する不等式」のような言葉を聞くとむずかしそうに見えますね。でも，結局これなんですよ。これがわかっていなかったら，あとは何もわかったことにはならない。逆に，これがわかってさえいれば，あとは全部コロラリーです。高等学校で君たちがさも大事そうに習っているものの多くは，みんなこれのコロラリーなんですね。

5.5　関数 $f(x) = x^2$ の基本性質 (4) —— 左右発散性

時間がないので，次の話題に進みましょう。

「どんな大きな数 m に対しても，それに対応して実数 x を十分大きく取りさえすれば，$x^2 > m$ となる。」

この主張，自明だと思いますか？　大きい数 m として，たとえば $100,000,000$（1億）を取ってきたなら，これに応じて x を十分大きく取りさえすれば，不等式 $x^2 > 100,000,000$ が成り立つようにすることができる。「$100,000,000$ の平方根

よりも x を大きくとればいいじゃないか」。そういうふうに答えをパッと答えた人は，数学科向きですね。

そういう定量的な言い方ができなくてもいいのです。要するに，「x^2 という関数のグラフはいくらでも高くまで上がっていく」ということを論理的に表現しようとすれば，こういう風になるわけです。

しかし，君たちはこういうことをまったく勉強せずに，$y = x^2$ のグラフを描いてますね。それは怪しくないですか？　この両側のグラフの先は本当に上がっていきますか？

教科書や参考書には，露骨な間違いは滅多に書かれてはいませんが，このように証明しなければならないことを，知らんぷりして，ごまかして書いている箇所がおびただしいほどたくさんあります。「熱心」な先生に習うことの危険は，教科書が仕方なくごまかしていることを，自分で学習する人なら気づくのに，**学習者が独力で気づく前に，疑問の芽を別のほうに向けて摘んでしまうことなのです。**

数学の指導に「熟練」した先生に習うのも危険です。学習指導要領では，$x^2 > m$ のような 2 次不等式は高校の数学 I で勉強しますが，「中学生が 2 次関数 $y = x^2$ を勉強するのは，検定教科書の範囲外の知識になるので，教えることができない」という文教行政にしたがった「指導」を通じて，自然な疑問の芽が「権威」や「権力」によって摘まれてしまう可能性があるからです。

しかし，学理の立場に立てば，現在の学習指導要領のほうが論理的に首尾一貫していないのであって，関数のグラフを描くためには不等式の知識が必須になることは，昔からの常識です。この常識が中学生・高校生に知られていないのは，日本の教科書が学理を無視して設計されているからです。

そもそも $y = x^2$ のグラフが y 軸の右，つまり $x \geqq 0$ の範囲で「右上がりである」という根本的な事実を表現しようとしたら，不等式が不可欠です。時間の関係から，今日は結論をいってしまいますが，

$$0 \leqq a < b \implies a^2 < b^2$$

ということであるからです。

ぜひ皆さん，次の数学の授業を楽しみにしてください。この節で展開した発散性について，先生はこういう風にグラフを描いて終わりにすることがありますから，そのときはすかさず，「その先はどうなっているのですか？」と質問してください。

そのとき, グラフの世界を枠で限定するような図を追加して,「残りの部分を描くには, この世界は小さすぎる」のように断る先生はまずいません。

そもそも私たちの紙や黒板は有限の世界ですから, 限りのないグラフを描くことはできません。しかし, グラフが描けなくても, $y = x^2$ のグラフが左右両方とも限りなく上に延びていくという, すごく重要な事実が証明できるわけです。これは「無限大に発散する」と呼ばれる事実です。正の側, 負の側, どちら側に x を発散させても, y が無限大に発散するという, 関数の重要な例です。これは君たちが生まれて初めて出会う関数の例です。1 次関数では, こういうことが起きませんでした。

5.6　関数 $f(x) = x^2$ の基本性質 (5) —— 頂点付近での振る舞い

この関数は不動点の 1 つである原点において, 特殊な振る舞いをしています。2 つの不動点の間での関数の振る舞いを調べるために, x の値を 1 から 0.1 刻みに 0.9, 0.8, 0.7, 0.6, $\cdots$, 0 と, 表を作ってみました。

この表の中の空欄を埋めなさい, というわけです。

x	1	0.9	0.8	0.7	0.6	0.5	0.4	0.3	0.2	0.1	$\cdots$	0
$f(x) = x^2$												

下欄は空欄のままですが, $1 \times 1 = 1$ はいえるけれど, 0.9^2 などになると, 私はちょっと計算を間違えてしまいそうです。0.81 ですね。

ここで面白いのは, x のほうが 1 から 0.1 ずつ淡々と減っているのに対して, y のほうは 1 からいきなり 0.81 と, ガクッと 0.19 も減ります。その次は 0.64, 0.49 と, それぞれ 0.17, 0.15 ずつガクガクと減ります。1 からスタートして最初のうちは減り方が激しいんですよ。

しかしもう少しあとを調べていくと, 0.3 のところが 0.09。0.09 は 0.1 とほぼ等しいけれど, わずかに 0.1 より小さい。その次の 0.2 では 0.04, そして 0.1 では 0.01 です。というわけで, $x = 0.5$ あたりからだんだん減り方が小さくなっている。値が減っていることは確かだけれど, 減り方がわずかずつ鈍ってくる。

そして, 0.1 のあとは $\cdots$ でごまかしたんですが, 本当はこの $x = 0.1$ のあとは, 0.01 刻みで表を作って調べてみると面白いでしょうね。ゆっくりゆっくりと減っていく。1 つの不動点 $x = 1$ を出発してもう 1 つの不動点 $x = 0$ に接近して

いくとき，x^2 の値が，x と比較して減り方が速いのは最初のうちだけで，あとになるとすごくゆっくりになります。

　このことをもっとわかりやすく調べるために，原点 O とその近傍に O と異なる点 T を取って，T の x 座標を t とおくと，点 T の y 座標は t^2 と表される。ここに使われている t のような変数を**媒介変数**というのですが，この考え方は高校数学の命といってもいいくらい大事なものです。媒介変数とはむずかしい表現ですが，これを通じて我々が曲線・曲面などに対して，自然で簡単なアプローチができるようになるのです。

　さて，このような点 T を取って，原点 O と結んでやりなさい。原点 O と T の2点を結ぶ直線が描けます。さっき調べたことから，T が点 $(1,1)$ からだんだん原点に近づいてくる。垂れ下がってくるって感じですね。この直線 OT の傾きがいくつになるかというと，O から出発して T まで x 座標は t だけ行って y 座標は t^2 だけ上がるから，傾きは t ということになります。t がどんどん 0 に近づいて減っていくと，この傾きもどんどん減って，しまいには 0 になってしまうということです。

　ということは，その曲線が原点のところで限りなく平べったくなって，少し大人の言葉を使うと，これを「接する」と表現するのです。

　「接する」という言葉は「○○さんに接する」のように日常表現にも登場しますが，数学では「交わる」の対称概念として，とくに近代以降の数学では重要な理論的意味をもつものです。それが最初に 2 次関数の冒頭に登場するのですから，ここはバックバンドがあったら「パンパカパー！」と盛り上がりを演出したいくらいです。なぜなら，多くの中高生にとって，接する直線，すなわち《接線》という概念との運命的な，最初の出会いなのですから。

5.7　以上の関数 $f(x) = x^2$ の基本的勉強から見えてくること

　せっかく 2 次関数という数学的に重要な例を学びながら，このように 2 次関数のグラフのもつ《数学的に不思議な性質》を《自ら発見》できないのなら，数学の勉強はとても退屈ではないだろうかと，私は思います。なぜなら，こんな単純なことを教科書や授業で解説されて，それをしっかりと暗記するために下らない練習問題をこなす drill & practice の毎日に追われるとしたら，こんな意味のない日々はないのではないでしょうか？

　でも，この程度の発見は，ちょっとしたヒントだけで，独学，つまり自発的な

思索を通してでも，十分達成することができるんです。その結果，**教えてもらわなくてもグラフを描くことなんて簡単にできる！**　そして誰だって，発見できたら嬉しいですよね！

「こんなもの，いちいち丁寧に教えてくれなくてもいい。教科書はよけいなことを書くな」。そういいたいくらいだと思いませんか？　**「僕たちに，発見の喜びを返せ！」**――そう叫びたくなりませんか？

少し哲学的な表現を使えば，《理解が深化する喜び》，《人間として成長する充実感》，《わかった自分が，わからなかったころの自分を見つめるという，認識の普遍化の体験》――こんな形で表現するととてもむずかしいことが，数学では，平凡な，ごく簡単な 2 次関数の世界にも広がっていることがわかっていただけるでしょうか？

しかし，問題は，折角 2 次関数を勉強しながら，その世界の奥行きをちらっとでも覗く経験ができるかどうか，です。

最近の「親切を売物にする教育」では，教科書でも，問題集でも，学校でも，塾でも，「わかるようになること」＝「試験で良い結果を残すこと」という，《学習本来の目標》とはまったく異なる「目標」のために，この一番大切な《学びの喜び》の機会を徹底的に排除してしまっています。そして，「誰にもわかる授業」，「予習無用，参加しているだけで感動する講義」，「毎日徹底して $n\,(n \geqq 3)$ 回，模範解答の転写を繰り返すと必ず成績が伸びる問題集」，挙げ句のはては「わかっていなくても点数が取れる答案の書き方」という類のものが流行っています。

しかし，こんなことはいくら繰り返しても**時間の無駄でしかありません！**　**大切な青春の時間は，無駄使いできるほどあり余ってはいないのです。**

「いい大人が私たち若者にそんなことをするなんて！」と若い人は思うでしょう。そのような「大人たち」のために弁明すると，決して悪意によって目標が歪められているのではなく，「あまりの善意」から，そしてしばしば「間近な目標」に目がくらんで，《真の目標》が目に入らなくなっているというだけなんです。

じつはまだ 2 次関数の話は終わっていません。数学のいいところは，無限に奥深いという点なんです。もし 2 次関数に「遭遇」するという好運に恵まれたなら，決して逃したくない「一期一会の教え」，平たくいえば，数学で押さえたい「最小限のポイント」というのがいろいろあります。ところが，いままでに触れたのは，そのうちの軸（axis）と呼ばれる線対称性の基準線の存在とか，どちらに進んでも無限大に発散するとか，頂点と呼ばれる点である直線に接するといった，い

くつかの性質にすぎません。いいかえると，2次関数特有の性質についてはまだほとんど語っていない。それらについて語ろうとするのが，このあとに続くべき話です。

　しかし，もはや時間がなくなってしまったので，あとは講演資料を読んで，君たちに独力で考えてもらいたいと思います。疑問が生じたら，自分で何か数学の本を読むとか，担当の先生に相談するとかして補ってください。

　いまどきの風潮からみれば「冷たい教え方」のようですが，この新しいスタイルに少しずつ慣れてほしいと思います。第1には，このような《自立型》の学習こそが数学の勉強の本来の標準スタイルであるべきであること，第2には，これから自立型学習の結果が現れて，その圧到的に優れた教育効果／教育成果の点に注目が集まっていくに違いないこと，そして第3には，予測したくない未来ですが，頻度をあげて繰り返されるパンデミック対策として，生活スタイルの変化という社会的な要請がいつ繰り返されるか，不透明な未来の可能性に前もって準備しておくことが重要であること，などの理由からです。

　第3の可能性は，新しい治療薬あるいはワクチンの開発で科学的に克服できると考える若い君たちにとっては小さな可能性と見えるかもしれませんが，残念ながらそうではありません。社会の不安定さは，今回のように流行性・毒性ともに強く，それでいて軽症者を介して感染者を増やすという，「あまりにも賢い」新型ウィルスの突然の登場に限りません。以前から最も恐れられているのは，従来人間にはうつらなかったトリ・インフルエンザのような恐いタイプが人間にうつるように突然変異すること，そしてさらにウィルスよりももっと深刻なのは，あらゆる抗生物質が効かないスーパー耐性菌の登場です。

　しかし，これだけではありません。巨大台風などの大雨から洪水，巨大地震，大規模火災のようなメガ自然災害も，最近では珍しくなくなりました。想像を絶するような粗暴な政治的指導者が，大衆迎合主義という民主主義の弱点をついて登場してきている現在，戦争や殺人という最も非人道的な事件も，もはや国際的には身近です。

　こういう絶望的に危険な状況に囲まれていても，いや，このような厳しい状況にあるからこそ，君たちは一人一人，自らの学びを通じて，他者に《豊かさ》をもたらす，該博な知識と深い思索に裏付けられた幅広い教養，そしてこの教養に基づく自由で不屈な精神と弾力的で独創的な着想をもつ人間として成長していかなければなりません。

　だからこそ君たちは，君たちに甘く微笑みかけてくる「指導者」の嘘を見破り，自分自身で成長するのだ，という決意に，つねに立ち返る必要があるのです。

6. Q & A

　谷田部　皆さん，私が最初に「遭遇」といった意味が，長岡先生の講演でよくおわかりになったんじゃないかと思います。学生のころからよく，長岡先生は「この証明は簡単だよ」とおっしゃいました。実際には，その証明は簡単じゃないんですけれども，「あとは自分で。君の考える楽しみを奪っちゃ悪いから」とか，「君だったら考えればできるから」という風に乗せられて，1週間悩んだり2週間悩んだりと，よくありました。

　この講演で途中までなされた証明の先を証明することは，私や新妻先生や磯山先生，あるいは他の数学科の先生のもとで，あるいは皆さん自身の学習でもって完成させるということにしたいと思います。

　ですが，せっかくの機会なので，ここから約10分ぐらい，質問タイムを設けたいと思います。画面の中にQ & Aというボタンがあります。そのボタンを押すと質問が書き込めるので，投稿してください。

　長岡先生はいろいろお話をされましたけれども，それに全然関係ない話でもかまいません。どんな質問にもお答えいただけるはずです。ただし恋の話はパスだそうです。

　Q1　9月入学についてどのようにお考えですか？

　長岡　私がもし文部科学大臣であれば，直ちに9月入学にします。4月入学の合理性が桜以外にあるとは思えません。国際的に一般的なのは秋入学ですし，日本では9月末は良い季節ですからね。

　そもそも4月から始めるということに根拠はないですね。いまの暦から考えても，普通なら1月から始めるとか……。とまあ，どうでもいいようなことですが，私個人は9月入学に大賛成ですが，決定する立場でなければあれこれいう意味がない。単なる制度の問題ですから，若い人が外国に行きやすいようにしたほうがいいんじゃないかと思います。

　Q2　長岡先生の人生の中で最も衝撃的な出会いとは何ですか？

　長岡　そうですね……。たくさんの衝撃的な出会いがあったんですけれど，や

はりなんといっても，私の人生でいまだに大きな影響を残しているのは，先生方との出会い，とりわけ小学校の1年生のときの担任の藤田至先生との出会いでした。

　大学を出たばかりの先生で，私は長野県でしたから，信州大学教育学部を出られたのだと思いますけど，「理想に燃えた先生」とはあの先生のことだと思うくらい，子どもたちを愛して愛して可愛がって可愛がって，本当に私たちのことを可愛がってくださいました。藤田先生が当直だというと嬉しくて，学校に枕と毛布を持って泊まりに行ったというくらい，私は藤田先生のことが大好きでした。でも，勉強のことはほとんど憶えていないんです。

　藤田先生は社会が専門だったかもしれません。日本地図を描かれるとものすごく上手で，地図帳に載ってるのと同じくらい精確な地図を，黒板にさらさらさらと描かれるので，私がいくら真似しようと思ってもできなかったことを憶えています。数学については，鶴亀算とかナントカ算は全然教えてもらいませんでした。面積などは教えていただいたような気がするんですけど，面積公式とか，あまり記憶していない。

　なぜ藤田先生のことを君たちにお話ししたいかというと，6年生のとき私は横浜に転校するんです。それまで信州の長野市に小学5年生までいました。横浜に転校してみると，ちょっと垢抜けていて，その垢抜けた同級生たちから「信州の山猿」と，さんざんバカにされたわけです。それはそうなんです，横浜の子どもたちはいろんなことをたくさん知ってるんですよ。たとえば鶴亀算とかね。「変なことやるなぁ」と思いましたよ。鶴と亀とを合わせて何匹いる。でもなぜ，鶴と亀を合わせなきゃならないのか，私にとっては素朴な疑問でした。本当にわからないことだらけでした。

　谷田部　藤田至先生の話は，長岡先生が以前に書かれた文章で，感動的な，考えさせられるエピソードを書いておられるので，あとで皆さんが読めるようにしたいと思います。

　Q3　どんなに自分が思考を深めたいと思っていても，受験は来てしまいます。受験勉強と深い学び，このバランスをどう取っていけばいいのでしょうか？

　長岡　ある意味で，我々は深く考えることなしには，遠くまで前進することはできません。たしかに高校3年生になると受験直前という人もいますが，しかしいまはまだ5月ですから，まだ1年近くあるということです。1年あったら，できることがずいぶんありますね。

Q4　今日のお話の中にあった，自分の中に眠っている才能とか可能性を見つけるのが学習の目標である，というところですが，その自分の才能をどうやって見つけるのですか？

長岡　ご質問は方法論の問題ですよね。

どんな才能もその道の人からの指導を受けて，その道の先達のアドバイスを大切にすること，これが基本だと思うのです。先輩，先生，古（いにしえ）の人，祖先。私はとくに若い人にいいたいのは，本を読むこと，新聞を読むことの大切さです。いまはすごく簡便なネット・ニュースみたいなものがいっぱいあって，若い人は新聞すら読まなくなったんじゃないでしょうか。犯人が捕まったとか，芸能人がどうしたとか，そういう短いニュースばかりを追いかけている。アメリカでは大統領でさえそのレベルということもあるんですが……。

やはりある程度長い思索が必要なもの，たとえば新聞というのは良い題材だと思います。茗渓学園の先生はきっと君たちに社説を読むことを指導されていると思います。社説はその新聞社を代表する執筆者が書いている文章で，それなりにまとまっている。それを読んで，しかし鵜呑みにするのではなく，自分はどのように考えるか，批判的に読むことが大切です。結論を鵜呑みにして繰り返すだけだったら，「ハイル・ヒトラー（ヒトラー万歳）」と変わらない。そうではなくて，「その考え方はじつに鋭い。しかしその考え方に漏れている論点があるんじゃないか」と，そういうことを考えながら読むことが大事だと思う。

それから，自分の文章を書くことです。あるいは数学の証明を書くのでもいい。ともかく，自分自身で何かを表現することです。

私は才能という言葉を使ったのですが，私は数学者といっていますけれど，じつはもともとは絵描きになりたいと思ったんです。尊敬する絵の先生から，「亮ちゃんは絵が上手だね，すばらしいね，この色は本当にいいねぇ」とおだてられて，いい気になっていました。ところが私が高校1年生のときに，それまでの先生の愛情が，突然，私の友だちのほうに行ってしまったんです。友だちの才能に先生は惚れ込んだわけです。彗星のように若い才能が出てきた。その友だちは，おそらくそれまで注目されないまま，一生懸命，こつこつとレッスンを続けていたのでしょう。それが突然，開花する瞬間というのがある。その瞬間がいつであるかは，方法論の問題じゃないんです。タイミングと運と周りの環境，いろいろな要因があると思います。あまりにも要因がたくさんあるので，今回のコロナ・ウィルスではありませんけど，簡単な方法論では立ち向かえないという問題があります。

54

そういう意味で，学校にはいろんな先生がいて，いろんな友だちがいるので，自分の才能はこういうところにあるんじゃないかという風に，発見するには非常に良い場なんだと思います。才能の切磋琢磨という場である。昔でいえば，剣術の才能は道場に行って磨いたわけで，学校はその道場に相当するものだと思います。おわかりいただけるでしょうか。

Q5 数学の命題には，仮にそれが全部証明できるとして，「ナニナニ定理」とか「原理」とか「法則」という名前が付いているものがあります。その名前の付け方には，何か基準があるのでしょうか？

長岡 なかなかむずかしい質問ですね。何がむずかしいかというと，誰に向けて答えるかで回答が違う。ちょっと腰砕けで答えなければならないところが，私には辛いところです。つまり相手が十分に準備ができている人であれば，答えは非常に簡単なんです。

「公理」は一番最初に仮定するものですね。たとえば「2点を通る直線はただ1本存在する」という公理。これ自身は証明できない主張です。正しいとみんな信じているんだけど，証明はできない。逆にいえば，証明できない最初の前提を「公理」といいます。

それに対して，証明されるものは全部「定理」です。さっき私は「系」という言葉を使いましたけど，じつは系も「定理」です。でも，あるときにそれを「命題」といい，あるときに「定理」といい，あるときに「系」というのは，いってみればその重要度の違いです。とくに重要なものに「定理」と名前を付けて，重要性が乏しいものに「系」と名前を付けるという，一応の習慣ができている。昔々であれば全部「命題」といいました。「これから私はこれを証明します！」と，プロポーズ（propose）＝提案する。その名詞形が proposition です。辞書には訳語として「命題」と書いてあるかもしれません。しかし本来は，proposition は propose するものということで，提案内容です。最近の英語では proposal とか結婚の propose のような，いくぶん軽い言い方も一般的になっているようですが，昔々は全部 proposition といっていました。

数学で「法則」とか「性質」，最近では「原理」のような怪しい表現まで登場していますが，これは検定教科書の業界用語ですね。本来は使ってはいけないと思います。

まともな部分に限定してごく簡単に述べますと，「法則」というのは，自然界の

法則のように私たちは使う。それが成り立つことを論理的に証明したのではなくて，「きっとそうであるに違いない。とりあえずそれに基づいて考えよう」という趣旨の謙虚な表現です。「万有引力の法則」というものがありますが，これが必ず成り立つと，ニュートンは証明してはいません。ニュートンは「離れた物体の間になぜ引力は働くんですか？」と質問されて，答えに窮し，なんと，「ヒポテーセス・ノン・フィンゴー（羅：Hypotheses non fingo），私は仮説を作らない」と答えた。要するに「証明できないことについて，私は根拠を明示できない仮想的な議論はしない」ということです。「仮説」という言葉が現代の科学者の気楽な使い方と異なっていることには注意しなければなりません。

　ニュートンの引力の法則は，身近な例で考えると奇妙なんです。たとえばここに並んでいる谷田部先生と私と新妻先生，短い距離ですね。万有引力の法則によると，私たちはこの距離の2乗に反比例する力で引っ張り合っている。ところが，100倍以上離れて向こうに座っていらっしゃる美しい女性の先生と私たちの引っ張り合う力は 1/10,000 以下に弱くなってしまうわけで，残念ながら引き合う力は弱い。

　その法則は何ゆえに成り立つのか，それは証明できない。証明できないうちは「法則」といいます。これがアインシュタインによると，「質量による空間の歪み」という言葉でもって，その法則を数学的に演繹することができるようになりますから，今度は「定理」になるわけです。

　こういう説明でいかがでしょうか。

　私は生物学で「これは数学的だな」と思ったのは，雑種第二代の個数比が3対1になるというメンデルの話でした。遺伝という生物に特有の情報伝達を理論的に探ろうとする初期の試みでしたが，優性を A，劣性を a で表現すれば，雑種第一代 A＋a の次世代は $(A+a)^2 = A^2 + 2Aa + a^2$ となり，遺伝的な性質の発現は 3：1 になる。なぜなら，遺伝でメンデルの法則が正しいとすると，AA, Aa がともに優性が発現してくるから，という話でした。

　（生物の先生に）いまは，どうなんでしょうか？　やはり単純すぎるということなんでしょうね。生物学の進歩からすれば当然の話ですね。

谷田部　今日のこのオンライン講演会で，これからの皆さんそれぞれの学びに役立つにちがいないキーワード，批判的な思考と仇桜の歌がありました。そしてまた，青春時代は一度きりしかないという話もありました。それらを胸に，これ

からの学びに向かっていってほしいと思います。

　長岡先生，最後に何か一言，ありますか？

　長岡　最後に一言だけ，人生は短いけれど，時間は意外にも結構ある。だから焦ることはない。若いうちほど焦ってしまうんです。でも一度や二度失敗しても，そんなこと何でもないんです。失敗を恐れる必要はない。最後に成功することが大事だということです。毎回毎回，連戦連勝ということが理想ではない。最後に笑うような人生にしたい。

　こんどいつ，この元気な姿で君たちにお目にかかれるかわかりませんから，最後のメッセージと思って聴いていただきたいと思います。

　谷田部　これで長岡亮介先生のオンライン講演会を終わりにしたいと思います。視聴していただいた皆さん，長時間にわたりお付き合いいただきまして誠にありがとうございました。

講演資料

1. 学ぶとは？
── その目的，目標，方法，成果，and beyond

> - **学習の目的**　《古人／先達の獲得した知の世界》を継承／発展し，知を通して，《より豊かな生活》を実現すること。
> - **学習の目標**　個々人の中に眠っていた可能性（希望，能力，才能）を発見し，自分が周囲に対してできる貢献の道を発見すること。
> - **学習の方法**　先達の知識を踏み台として，批判的な思索，理解への辛苦，新世界の発見体験を通して，自分自身を，少しずつより大きな存在（より大きな普遍性，より深い真善美の理解）へと接近させること。
> - **学習の成果**　世界を取り巻く，次々と現れる複雑で難解な《新しい問題》に対して，学習で得た批判的，独創的な思索の体験に基づき，誤ったアプローチを諫め，正しいアプローチを粘り強く探り提起することで，多くの仲間と一緒に，《より豊かな人生》を実現すること。

「学ぶとは？」という問いに対するこのような答えを「口でいうのは簡単」である。しかし，重要なのは内実である。そもそも，"豊かな生活" "豊かな人生" という key word の意味がまったく不明である。「経済的に豊かである」ことがしばしば「人として幸せでない」ことにつながる《人生の深遠なパラドックス》を考慮すれば，単純な「綺麗事で済ませる」ようなことがあってはならない！

毎日を生きる人間すべてに，日々問われている問題であるのだ。しかし，残念ながら，多くの人は，「平凡な模範解答」で満足してしまい，真に学ぶことを放棄してしまう。

　　　　明日ありと　思ふ心の仇桜　夜半に嵐の吹かぬものかは

この言葉の重さをつねに心に置きたい。

はじめに——いまどきの **2 次関数** $y = ax^2 + bx + c$ **の「勉強」法**

多くの教科書や参考書に必須事項として，$y = x^2$ のグラフとして次のような図が載っている。

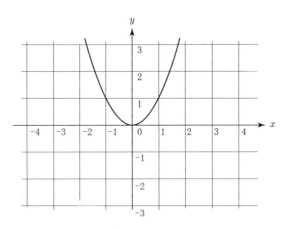

（ここでは Apple© 社の Grapher© で描いた図をもとに加工して単純化してある）

このような単純なものはもちろん，もっともっと複雑なものでも，最近は携帯電話や大衆向け小型 PC に付いてくる「おまけアプリ」を使ってすら描くことができる。freeware として利用できるはるかに強力なツールも存在する[1]。

したがって，関数を学ぶ際に重要なのは，その関数の「正確なグラフ」[2] を描くことでも，紙に描いたグラフを「ホンモノらしく見せる」ための《だましのテクニック》の知識[3] でもない。たとえば，しばしば話題とされる

---

2 次関数 $y = ax^2 + bx + c$ **の減点されないグラフを描く 5 つのポイント**

- 原点の座標（面倒な平方完成の技法の完全習得がポイント！）
- 対称軸の方程式（y 軸に平行という例外的な直線の方程式！）
- 凹凸（グラフを大雑把に決める重要な情報！）
- 座標軸との共有点（減点を避けるための最重要ポイント！）

---

1) 個人的な趣味といわれることを覚悟していえば，gnuplot や GeoGebra が断固お勧め！
2) そんなものは人間に描けるはずがない！——なぜでしょう？——そもそも本当に正確なら目に見えるはずがないからです！
3) 誇張していえば，「絵画」の歴史はだましの技法についての「だましとだまされ」の工夫の歴史であったとさえいえる！

- 定義域と値域（理論上も応用上も大切なポイント！）

のような，「これさえ知っていれば，もう大丈夫！」的な「基本知識」が，最近はえらそうに振る舞っているようであるが，そんなものは，**躍動感ある生きた数学的な理解**とは縁もゆかりもない。そもそもそんな知識には，貴重な青春を捧げるほどの価値がないのではないか！　それを心の底から納得できるように，生きた数学を勉強してみよう！

どんな長い人生の人にも，たった一回しかない《**青春時代という貴重な時間**》を，せっかくなら，本当に捧げる甲斐がある世界への入門に使いたい！

2.　参考資料

以下は，筆者の昔々から温めてきた数学版「弾力的な学習」（Flexible Learning）のための幹（stem）となるべき「数学の楽しく遠い旅」シリーズの一部であり，10年以上前にはじめたものである。その後，加齢による視力・体力の低下から筆者自身は半ば諦めていたのであるが，今回，旧知の谷田部先生，磯山先生，新妻先生を筆頭とする若いエネルギッシュな人々との対話を通じて，緊急に再稼働させなければならない，と思い直して動かしはじめた素材（学習同伴資料）の一部である。講演中は細部にわたって触れることはできないが，中学1年生でも少しわかり，高校3年生でも全部はわからない可能性があるので，技術的な質問への応答は生徒諸君の実情に詳しい先生方に期待する。

● FT Domain Unit 201. 2次関数 [4)]

2次関数という不思議な魅力の世界

[1]　最も基本的な2次関数 $y = x^2$ のグラフ

習っていなくてもわかること，自分で発見できることを調べてみよう！

---

4)　FT Domainについては，p.165の「私が考える《理想の数学カリキュラム》像」を参照。

本当の数学の学習へのガイド

［ア，イ……の解答は，次のページに記載］

- $f(x) = x^2$ とおくと，関数の振る舞いを調べる上で基本となるものの1つは，関数の**不動点**（$f(\alpha) = \alpha$ を満たす点 (α, α) のこと）を調べることである。この関数については，不動点は2個あり，それらは

点O ┃ ア ┃， 点A ┃ イ ┃

である。

- $f(-x) = $ ┃ ウ ┃ が，任意の x について成り立つ（すなわち $f(x)$ は ┃ エ ┃ である）から，この関数のグラフは，┃ オ ┃ に関して ┃ カ ┃ である。

  なぜならグラフ上の任意の点 $P(x, y)$ を ┃ キ ┃ に関して対称移動した点 P' ┃ ク ┃ も，グラフ上の点であるからである。

  よってグラフは ┃ ケ ┃ に関して対称である。いいかえると，グラフは ┃ コ ┃ を**対称軸**にもつ曲線である。

- 任意の実数 x に対して，

  $x^2 \geqq 0$，かつ 等号が成り立つのは，$x = 0$ のとき，かつそのときのみ

であるから，原点以外では，グラフは x 軸の上側にある！

- どんな大きな正の数 M に対しても，それに対応して実数 x を十分大きくとりさえすれば，

$$x^2 > M$$

となる。よってグラフは右上，左上でいかなる**限界**をも超えて高く上がっていく。

- 不動点 $x = 1$ と $x = 0$ の間でのグラフの振る舞いを調べよう。

x	1	0.9	0.8	0.7	0.6	0.5	0.4	0.3	0.2	0.1	$\cdots$	0
$y = x^2$												

この表から x の値が1から減少して0に接近していくとき，$y = x^2$ の値は，x と比べ，最初はより ┃ サ ┃，そして $x = 0$ に接近したときはより ┃ シ ┃ と，接近する様子が見てとれる。

- さらに原点Oとその近傍に点Tをとり，その座標を $(t, $ ┃ ス ┃ $)$ とおき，直

線 OT の傾きである　ボックス：セ　，すなわちこれを計算すると，　ボックス：ソ　は T が原点に接近するにつれて　ボックス：タ　に対していくらでも接近していく[5]。

● 原点から離れた点での振る舞いに関しては，

$$0 \leqq x_1 < x_2 \Longrightarrow f(x_1) = x_1^2 < x_2^2 = f(x_2)$$

であるから，区間 $x \geqq 0$ で，グラフは右上がり（関数 $f(x)$ は**増加**），当然，調べるまでもなく，区間 $x \leqq 0$ では，グラフは右下がり（関数 $f(x)$ は**減少**）。

● 解答

ア：$(0,0)$，　イ：$(1,1)$，　ウ：$f(x)$，　エ：偶関数，　オ：y 軸（あるいは直線 $x = 0$），

カ：対称（あるいは線対称），　キ：y 軸（あるいは直線 $x = 0$），　ク：$(-x, y)$，

ケ：y 軸（あるいは直線 $x = 0$），　コ：y 軸（あるいは直線 $x = 0$），　サ：急速に（あるいはより素早く），　シ：緩慢に（あるいはゆっくりと），　ス：t^2，

セ：$\dfrac{t^2 - 0}{t - 0}$，　ソ：t，　タ：0

【結論】

　この程度の《自発的な思索》を通じてでも，下のような図に接近することは十分に可能ではないだろうか。

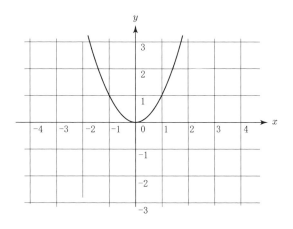

---

5)　やがて学ぶ表現では「限りなく近づく」という。

> しかし，まだ話は終わっていない！

これまでにわかったのは，関数 $y = x^2$ のグラフの

- 際立った幾何学的な特性＝**直線対称性**
- 原点（頂点）の近傍での局所的な振る舞い（x 軸に**接触**）
- 増加・減少を含む，やや大域的な振る舞い＝**無限大への両側での発散**

などのような，グラフの大雑把な，よくいえば大域的な様子 global behavior であって，もう少しこの**関数のグラフに特有の性質**，すなわち，グラフが全体として**下にもたれる**ような有り様はどうやってわかるのだろうか？

それは，

> $y = x^2$ 上の点 A(a, a^2), B(b, b^2) を両端とする**弦 AB** と**放物弧 AB** の位置関係（上下関係）を考えることでわかる！

◆〔以下の問いに対しては，それぞれの標準的な**解答例**を p.69 以下に収録している。①などの番号は，解答例の対応箇所を示すために用いられる。〕

【課題】

1. 弦 AB を乗せる直線の方程式は

$$y - a^2 = \frac{a^2 - b^2}{a - b}(x - a) \quad \text{すなわち} \quad (\qquad\qquad)$$

【解答例 ①】

2. 放物線の方程式は

$$y = x^2$$

3. 2つの y の差を上から下に引くようにとると，

$$\{(a+b)x - ab\} - x^2 = (x-a)(b-x)$$

であるから，$a < b$ とすると，区間 $a < x < b$ でこの差はつねに正である。

4. よって，弦 AB が弧 AB より上にある！　いいかえれば，弧 AB は

弦 AB より下に垂れ下がっている！

【課題】

1. 上の弦 AB（直線 AB）の方程式で，

$$y - b^2 = \frac{a^2 - b^2}{a - b}(x - b)$$

と書いても同じ結果になることを確認し，その理由を考えよ。

【解答例②】

2. $\{(a+b)x - ab\} - x^2$ は $-(x-a)(x-b)$ と変形する方がわかりやすいかもしれない。では，

$$\{(a+b)x - ab\} - x^2 = (x-a)(b-x)$$

と変形するほうがよいという気持ちは理解できるだろうか？

《数学は，他者を理解するための大切な練習である！》

【解答例③】

このことが，多くの教科書や参考書では，「関数 $y = x^2$ のグラフは下に凸（convex, downward convex）である」という「単なる基礎知識」として書かれている。しかし，それだけではつまらない！

では，次の課題に挑戦してみよう！

【研究課題】

反対に，「上に凸」のグラフをもつ関数の例をあげ，それが「上に凸」であることを証明してみよう。　【解答例④】

【研究課題】

2 次関数以外に「下に凸」，「上に凸」のグラフをもつ関数の例をあげ，それがそれぞれ「下に凸」，「上に凸」であることを証明してみよう。

【解答例⑤】

[2] 2 次関数 $y = ax^2$ のグラフ

$y = ax^2$ は，基本となる $a = 1$ の場合から得られる。すなわち，

$y = x^2$ から $y = ax^2$ は次の 3 通りの変形で得られる。

- $y = x^2$ において，y を $\dfrac{y}{a}$ で置き換える
- $y = x^2$ において，x を $\sqrt{a}\,x$ で置き換える
  （ただし，$a < 0$ のときは技術的な修正を要する）
- $y = x^2$ において，x を ax で，y を ay で置き換える

ということは，

$y = ax^2$ のグラフは，基本となる $y = x^2$ のグラフを

- y 軸方向に a 倍に伸長（$|a| < 1$ のときは縮小）する
- x 軸方向に $1/\sqrt{a}$ 倍に伸長（$a > 1$ のときは縮小）する
- 両軸方向に，いいかえれば，原点を相似の中心として $\dfrac{1}{a}$ 倍に相似拡大（$|a| > 1$ のときは縮小）する

というういずれかの変形によって得られる。

※ 「たったこれだけ！」であることに注目したい！

【思考実験】

- この中で最も「教科書的」なのはどれか？　【解答例⑥】
- どうして教科書は，そのように書かれるのか？　そのような記述の「優位な点」を想像してみよう。
  　《他人の立場に立って考えてみる練習 1》　【解答例⑦】
- 他方，数学的に最も自然で面白いのはどれか？　【解答例⑧】
- そして，どうして教科書にはこのような自然な考え方が紹介されないのか？　教科書に面白い考え方を書くと，どういうことが起こると予想できるだろうか？

《他人の立場に立って考えてみる練習 2》　　　　【解答例 ⑨】

【結論】

　理論的には，$y = x^2$ のグラフがわかっていれば，$y = ax^2$ グラフは，いかなる 0 でない定数 a の値に対しても，簡単に描くことができる！　暗記することも反復練習することも必要ない！

> 【数学的な問題】
>
> 　すべての 2 次関数 $y = ax^2$（ただし $a \neq 0$）のグラフが相似であるとすると，$|a|$ の値の大小に伴う，頂点付近での曲線の振る舞いの変化はどのように表現すべきであろうか？
>
> 　放物線のこの性質は，いかなる現象を説明するのに役立つであろうか？
>
> 　　　　　　　　　　　　　　　　　　　　　　　　　　　【解答例 ⑩】

[3]　2 次関数 $y = ax^2 + bx + c$ のグラフ

　一般に 2 次式 $ax^2 + bx + c$ に対しては，うまい変換公式がある。結論的にいえば，

> **古人の英知**
>
> 　任意の a, b, c（ただし $a \neq 0$）に対して
>
> $$ax^2 + bx + c = a(x - p)^2 + q$$
>
> となる，a, b, c で定まる定数 p, q が存在する。

という事実である（高校生のレベルでは古人の英知の由来は想像できなくてよい）。この英知を借りると，展開して両辺を比較することで

$$p = -\frac{b}{2a}, \quad q = -\frac{b^2 - 4ac}{4a} \quad \cdots\cdots (\heartsuit)$$

がわかる。

　このような p, q を用いて，

$$ax^2 + bx + c \longrightarrow a(x-p)^2 + q$$

とする 2 次式の変形を，学校数学では昔から**平方完成**と呼んで強調する「伝統」がある。

　しかし，複雑に見える「変形の技」を暗記するよりも，単純な《変形の心》を理解すれば，本来は名づける価値も怪しいほど，じつは**簡単な変形**である。

　($\heartsuit$) を前提とすれば，関数 $y = ax^2 + bx + c$，すなわち $y = a(x-p)^2 + q$ は，$y = ax^2$ において

x を $x-p$ で，y を $y-q$ で置き換えたもの

であるから，$y = ax^2$ のグラフを ア 軸方向に イ ， ウ 軸方向に エ だけ平行移動したものにすぎない！

●解答　　ア：x，イ：p，ウ：y，エ：q

古人の英知を知らない人にとっては

　「古人の英知」をまったく知らない場合，2 次関数 $y = ax^2 + bx + c$ のグラフに対してどのような接近方法があるだろうか？

---

1. $y = x^2$ のグラフから $y = x^2 + 1$ や $y = x^2 - 1$ のグラフを工夫して描いてみよう！　　　　　　　　　　　　　　　　【解答例⑪】

2. $y = x^2$ のグラフから $y = (x-1)^2$ や $y = (x+1)^2$ のグラフを工夫して描いてみよう！

3. $y = x^2$ と $y = -2x$ のグラフを利用して $y = x^2 - 2x$ のグラフをラフにスケッチしてみよう！

4. $y = x^2 - 2x$ のグラフが $y = x^2$ のグラフと合同であることを示すにはどうしたらよいだろうか？

---

[4]　2 次関数のグラフをなぜ放物線というのだろう？

　放物線（正しくは拋物線）とは，漢字の意味からすれば，重い球体のような小さな物体を投げたときにその投射体 projectile の描く曲線のことであろう。しか

し，頭脳をもたない石っころのような物体が，なぜ2次関数のグラフに沿って運動するのだろう？

じつは，この問題は，最初，ガリレオ・ガリレイによって解かれた。現代的に単純化して説明すれば，平面上，質点 P が，初速度をもって打ち出された後，水平方向には**等速運動**，鉛直方向には**等加速度運動**をする ―― いいかえると，**水平方向には力が働かず，鉛直方向には一定の力が働く** ―― ものであるとすれば，P が古代ギリシャ人がパラボーラ parabola と呼んだ特殊な曲線を描く，ということである。parabola は，投射体の軌跡以上に，アンテナやレーダーの基本原理として現代人には馴染み深い。

┌─**【研究課題】**─────────────────────────────
　　以上の簡単な説明を，自分で納得できるように，資料にあたって調べてみよう。　　　　　　　　　　　　　　　　　　　**【解答例⑫】**

◆〔ここまでがオンライン講演に際して配られた「講演資料（参考資料）」である。以下は，新妻先生たちの取り組みのために書いた補足である。〕

[5]　2次関数 $y = ax^2 + bx + c$ についてのその他重要な話題
　以下，羅列的に書くが，皆さんの勉強の計画作りに役立てていただきたい。

┌─────────────────────────────────────┐
│　　　　　**2次方程式の2次関数からの新しい見え方**　　　　　│
└─────────────────────────────────────┘

┌─**【研究課題】**─────────────────────────────
　　「2次方程式 $ax^2 + bx + c = 0$ は2次関数 $y = ax^2 + bx + c$ と x 軸の共有点の x 座標である」とは，どこにでも書いてある「基本事項」である。関数 $f(x) = ax^2 + bx + c$ から出発するのであれば，平凡な2次方程式も，**与えられた変数 x に対応する関数値 $f(x)$ を求める関数の順問題**

$$x \longmapsto f(x) = ax^2 + bx + c$$

に対して，逆に

$$\text{与えられた定数 } v \text{ に対して } f(x) = v \quad \cdots\cdots (\spadesuit)$$

となる x を求める（v はラテン・アルファベットの y に相当するギリシャ文字で，ユプシロンと読む）という**逆問題**であると考える，というやや「高級」な視点から眺めることができる問題である。**一般に，逆問題は順問題と比べてよりむずかしい問題である**が，2 次関数の場合は，特別に簡単に解決できる，特別の事情が裏にある。

それを敢えて無視して（少し気取っていえば**方法論的無知の偽装**），

与えられた定数 v に対して $f(x_1) = v$ となる x_1 がすでに 1 つ求まっている

という特別の状況を想像すると，そのとき方程式 ($\spadesuit$) は

$$f(x) = f(x_1) \quad \cdots\cdots (\diamondsuit)$$

と書き換えることができる。

1. さて，($\diamondsuit$) から $x = x_1$ を導いていいだろうか？
   【解答例 ⑬】

2. ($\diamondsuit$) から $x = x_1$ を導くことができないのは，関数 $f(x)$ のグラフのどのような特性によるのだろうか？
   【解答例 ⑭】

3. もし，$x = x_1$ を導いていけないとしたら，折角見つかった関係 ($\diamondsuit$) は何も役立たないのだろうか？
   【解答例 ⑮】

☆ 2 次関数 $f(x) = ax^2 + bx + c$ は，そのグラフの形状（関数の大域的振る舞い）から $a > 0$ のときは最小値を，$a < 0$ のときは最大値をもつ。

【研究課題】

最小値，最大値を論理的に定義してみよう！
【解答例 ⑯】

2 次関数 $f(x) = ax^2 + bx + c$ は，そのグラフの形状（関数の大域的振る舞い）から，$a > 0$ のときは最大値を，$a < 0$ のときは最小値をもたな

い。なぜか？　無限大や無限小はダメなのだろうか？
【解答例 ⑰】

2 次関数 $y = ax^2 + bx + c$ のグラフは，同じスケールの xy 平面に図示すると，$|a|$ が大きいほど，見た目には細くなる。放物線の相似性を考慮すると，「細くなる」という表現は不適切だが，頂点での振る舞いを決定する $|a|$ は何を表しているのだろう？
【解答例 ⑱】

【発展的研究課題】

$a > 0$ とする。2 次関数 $f(x) = ax^2$ は頂点である原点で x 軸に接する。y 軸上の点 $\mathrm{C}\,(0, r)$ を中心とする，原点で x 軸に接する円 $x^2 + (y-r)^2 = r^2$ と 2 次関数のグラフとの位置関係を r の値の変化に応じて調べ，両者が最もよく接する状況を考察しなさい。
【解答例 ⑲】

3.　ひとつの解答例，および解答を考えるヒント

解答例 ①

右辺に登場する分数を簡約すると

$$y - a^2 = (a + b)(x - a)$$

となり，これをさらに変形して次を得る。

$$y = (a + b)x - ab$$

解答例 ②

右辺に現れる分数を約分して，両辺を計算すると，

$$y - b^2 = (a + b)(x - b) \quad \text{したがって} \quad y = (a + b)x - ab$$

と同じ式になる。「点 A を通り，線分 AB の傾きをもつ直線」は「点 B を通り，線分 AB の傾きをもつ直線」と方程式が同じになることは，「異なる 2 点 A, B を

70

通る直線がただ 1 本存在する」ことから明らかである。反対に，上の計算結果の一致が，「異なる 2 点 A, B を通る直線がただ 1 本存在する」ことを証明していると見ることもできる。

解答例③

$(x-a)$, $(b-x)$ という 2 つの 1 次式の積にすると，その因数である 1 次式が，$a < x < b$ という区間上でともに正であり（大きい数から小さい数を引くという自然な形なので），したがってその積も正であることが自明である。

確かに $-(x-a)(x-b)$ と変形することが，おそらく学校教育として標準的である。「因数分解を見つけやすい」という理由がその根拠にありそうだが，もしそうであるとすると，「因数分解の発見方法」のような中学生相手の教育で確立された方法が，高校レベルでは筋の悪い発想であることに，高校生になっても気づかないのだろうか。なぜなら，2 次式の因数分解を「発見」することには，2 次関数の一般論を扱う高校では，もはや数学的な意味が存在しないからである。関数値が変化していくときの符号の変化が問題の主題であることを忘れるのは良くないと思う。

なお，$ax^2 + bx + c$ という 2 次式を見ると，まず $a\left(x^2 + \dfrac{bx}{a} + \dfrac{c}{a}\right)$ と最高次の x^2 の係数が 1 となるように「変形」するのは，学校数学では標準化しているが，具体的な場面では，以下の例のように必ずしも有効ではない。

例 1　$-2x^2 + 5x - 2$ は

$$(1-2x)(x-2) \quad \text{あるいは} \quad 2\left(\frac{1}{2} - x\right)(x-2)$$

と変形するほうが，

$$-(2x-1)(x-2) \quad \text{あるいは} \quad -2\left(x - \frac{1}{2}\right)(x-2)$$

よりも，符号については，わずかながらではあるが見えやすいと思う。

例 2　もっと簡単な例でも，慣れてくれば，$-(x-1)(x-3)$ よりも $(x-1)(3-x)$ のほうがすっきりする。

例 3　じつは，もう少し高級な例 $\displaystyle\int_p^q (x-p)^m (q-x)^n dx$，あるいはその本質部分 $\displaystyle\int_0^1 x^m (1-x)^n dx$ へと発展していく話題である。高校数学では，数学 II で

$m = n = 1$ の場合だけを重要公式として強調する残念な傾向がある。

解答例④

● 関数 $f(x) = -x^2$ のグラフは上に凸である。実際，グラフ上の異なる 2 点 $A\,(a, -a^2)$, $B\,(b, -b^2)$ $(a < b)$ を両端とする弧

$$y = -x^2$$

と弦

$$y + a^2 = \frac{-b^2 + a^2}{b - a}(x - a) \quad \text{すなわち,} \quad y = -(b + a)x + ab$$

の上下関係は，右辺の差

$$-x^2 - (-(b + a)x + ab) \quad \text{すなわち,} \quad (x - a)(b - x)$$

を考えれば明らかである。

● 関数 $f(x) = -x^2 - 2x + 3$ のグラフも上に凸である。上の例との違いである 1 次関数 $-2x + 3$ の部分は，弧と弦の端点では，両者の値が一致するので差は 0 となり，1 次関数部分の有無が議論に効いてこないからである。

解答例⑤

● 実数 x の関数 $f(x) = |x|$ は下に凸である。

このことはグラフの概形（原点で跳ね上がる，それぞれ傾き ±1 の折れ線）を考えれば「明らか」だろうが，グラフの異なる任意の 2 点 $A\,(a, |a|)$, $B\,(b, |b|)$（ただし，$a < b$）に対して，グラフの 2 点 A, B の間の部分（いわば弧）が，線分 AB（いわば弦）よりも下側に来ることを

$$a < b \leqq 0, \qquad a \leqq 0 < b, \qquad 0 < a < b$$

に場合分けして不等式で示すこともできるだろう。

● 同様に，実数 x の関数 $f(x) = |x| - 1$ や関数 $f(x) = 2|x|$ などは下に凸である。

● 反対に，実数 x の関数 $f(x) = -|x|$ は上に凸である。

● 同様に，実数 x の関数 $f(x) = -|x| + 2$ や $f(x) = -\dfrac{3}{2}|x| - 2.5$ は上に凸である。

解答例⑥

　その明確な理由は不明だが，圧到的に多数の参考書類は，明確な説明を与えていないと思う。

　説明がないのは，論理的にはまだ良いほうで，中には，特定の点，たとえば x 座標が 1 である点 $(1, a)$ の位置だけに注目して $y = x^2$ から $y = ax^2$ のグラフを導いてしまっている本もあるかもしれない。

　いうまでもなく，「点 $(1, a)$ を通る」，原点に頂点をもつ放物線を描けば関数 $y = ax^2$ のグラフが決まるという「グラフの描き方」は《解法としては間違っていない》のだが，その結論を急ぐあまり（？）必要な数学的な手順——つまりその手順が正しいことの証明——を飛ばしているという，論理的には致命的な欠点がある。

　このことが可能であるためには，「点 $(1, a)$ を通る」「原点に頂点をもつ」という 2 つの必要条件だけで関数 $y = ax^2$ のグラフが（詳しくはグラフ上のすべての点が）決まる（決まるために十分でもある）ことを 予 め証明しておくべきである，ということである。意地悪なことをいえば，原点に頂点をもつらしき，点 $(1, a)$ を通る曲線は《無数に存在》するのだから，上のような説明が，数学的な説明にもなっていないことは自明である。

　他方，検定教科書など，もう少しまともな本では，$y_1 = x^2$ と $y_2 = ax^2$ という形で両者を比較すると，$y_2 = ay_1$ であり，y_2 は y_1 を a 倍したものである，という事実に基づいて，x 軸を基準として y 軸方向への引き伸ばし（あるいは縮小し）変形を施したものである，という説明をしているだろう。

　これは間違っていないだけでなく，数学的には筋の悪くない説明の 1 つであると思う。とくに，すでに中 1 で，1 次関数 $y = ax$ のグラフを扱う際から $y = x$ をもとにしてこの変形を教えているとするならば（残念ながら「傾き」だけで説明を終えている現場が少なくないと思うが），そこからの円滑な発展として自然な説明となるだろうし，それ以上に大切なことは，このあとに学ぶ三角関数 $y = a \sin x$ を $y = \sin x$ から教える場合，あるいは指数関数 $y = 2^x$ を $y = 2^{x+1}$ との比較で教える場合，また対数関数 $y = \log_2 x$ を $y = \log_4 x$ との比較で教える場合など，その後に発展的な応用があることであり，それらを考慮することも，この説明が好まれることの理由の 1 つであると思う。

　しかしながら，上の「$y_1 = x^2$ と $y_2 = ax^2$ という形で両者を比較する」とい

うアイデアには，**x と y の扱いが公平でない**，という致命的な欠点がある。y を x と公平に扱おうとすれば，$a > 0$ の場合なら，「$y = x_1^2$ と $y = \left(\dfrac{x_2}{\sqrt{a}}\right)^2$ という形で両者を比較する」ことも可能だからである（$a < 0$ の場合を含めるなら，「$y = -x_1^2$ と $y = -\left(\dfrac{x_2}{\sqrt{|a|}}\right)^2$ という形で両者を比較する」ことになろう）。

　このような広い視点を完全に欠落させたまま，最初のような説明だけで済ますことの致命的な欠点は，このあとに学ぶ三角関数 $y = a \sin x$ と $y = \sin \dfrac{x}{a}$ とを，まったく別のストーリーで教える，という**非数学的な教育を準備**してしまう，という点である（数学的には，y 軸方向の伸縮と x 軸方向の伸縮の違いにすぎないにもかかわらず，だ！）。

　他方，2 次関数 $y = ax^2$ に関して最もエレガントで最も本質的なのは，第 3 に挙げた相似変換だろう。

　曲線 $y = x^2$ において，原点を相似の中心として $\dfrac{1}{a}$ 倍に相似拡大したものは曲線 $ay = (ax)^2$，すなわち $y = ax^2$ だからである。

　この説明は，$a < 0$ の場合にもそのまま有効である！

　この説明の圧到的な優位は，「すべての 2 次関数のグラフである放物線は相似であり，したがって形も 1 つしかない」という数学的に最も興味深い話が簡単に展開できる点である。というのも，曲線 $y = ax^2 + bx + c$ は平行移動という合同変換で曲線 $y = ax^2$ に移されるので，すべての曲線 $y = ax^2 + bx + c$ がその特別な場合である曲線 $y = x^2$ に相似であるということになるからだ。

　相似変換による説明は，2 次関数のグラフに限らず，意外に広い応用が待っている。たとえば，このあとに学ぶ内容に関連させて「三角関数 $y = \dfrac{1}{a} \sin ax$ が $y = \sin x$ と相似である」なども，微分に関連して

$$\lim_{x \to 0} \frac{\sin x}{x} = 1$$

などに発展する，示唆に富んだ教材になると思う。

解答例 ⑦

　多くの教科書が，説明のしやすさ＝授業の展開の容易さの点から，最も基本的な説明を一種類に限定するという傾向を強めている現状では，最も平凡な第 1 の説明が採用されることが多いと思う。

《学習者の負担を最小化》することが何よりも重要であることが疑われることなく信じこまれているからか，学校の先生方が，自分がかつて習い，マスターした方法が，正しい方法であるという思い出が堅い信仰と化しているからか，詳細はわからないが，その背景には，多様な数学的な記述として，それぞれがもっている長所や欠点を相対化して考える時間的／教育的な余裕がなく，「グラフが描ければいい」という単純な《結果主義》が教育現場を覆っているという現代の風潮もあるのかもしれない。

　そもそも何のために $y = ax^2 + bx + c$ のグラフを学習するか，という根本問題を考えるという習慣が忙しい学校現場にはなく，せいぜい「2次関数のグラフを利用して最大最小問題を解くことができる」という直後の応用のことしか眼中に入らないという，最も教育にふさわしくない《せわしなさ》に追われているという現実があるように思う。

　いくら急いでも，「勉強した甲斐がある」という学習者の実感と納得が達成できなければ，教育の意味が貧困すぎると思う人は，残念ながら少数派のようだ。

　数学では，中学生や高校生ですら，場合によっては小学校の生徒ですら，ああでもない，こうでもない，あるいは，ああでもある，こうでもある，というような逍遥的な思索をめぐらす楽しさを経験させることができるのに，「10 m 走のように短い距離を全力疾走の競争で駆け抜ける」ような，つまらないこと，些細なことを素早く終わらせることばかりが強調されるなら，学習者の心が数学から離れるのは当然だと思う。そして，これが最も深刻なことだが，思索の面白さ，重要性からも遠のいてしまうことだ。

解答例⑧

　当然，数学的に面白いのは，相似拡大を利用した説明だろう。$y = ax^2$ の《グラフの形》が定数 a に依存しないという事実は，多くの学習者にとって，人生で忘れえない思い出となる可能性もあるのではないか。

解答例⑨

　これが教科書に書かれていないことには多くの理由がある。典型的なものを挙げるとすれば，次のようになるだろう。

　1. 2次関数のグラフは，「正確なグラフが描ければいい」という意味で，その目

的に向かってまっしぐらに進むのが一番であるという信念である。

　2.　相似拡大は，後に「数学 II」で学ぶ「図形と式」（いわゆる解析幾何）の単元の理解と知識を前提としており，「数学 I」でそれに触れるのは，教育上，無理と矛盾を孕むという，学習指導要領にひたすら従順な立場もありうる。

　3.　これを教科書に書くと，y 軸方向の伸縮と平行移動だけで説明してきた学校現場の長年の習慣に反し，学校現場から「使いにくい教科書」として採用されなくなってしまう，という教科書出版社の裏事情も現代ではじつに深刻である。

解答例 ⑩

　すべては相似なのだから，$|a|$ の値が大きいほど頂点付近で「とんがる」とか「広がりが狭くなる」というような説明は，論理的にはおかしいといわなければならない。

　どのように表現すべきか，むずかしいところだが，$|a|$ の値が大きいほどグラフは縮小するのだから，頂点付近の曲がり方は急になる。日常表現を使うなら，「急カーブになる」ではどうだろう。同じスピードで進むなら，加速度（あるいは遠心力）が大きくなるということだ。頂点付近をごく小さい範囲で（これを数学では「局所的に」という）考えて，「円」で近似するとすると，近似する円の半径がより小さくなるということである。

　　　道路の設計など工学の世界では，さまざまなものの曲がり方を表現するのに，その曲がり方を局所的に近似する円を「曲率円」，曲率円の半径を「曲率半径」，曲率半径の逆数を「曲率」とそれぞれ呼ぶ習慣がある。これは微分法を利用すると一般に計算的に定義できるが，曲率自身は，幾何学的には円ではなく頂点付近の放物線を使っても定義できることを示唆している。

解答例 ⑪

　これについては，$y = x$ のグラフから $y = x + 1$ や $y = x - 1$ のグラフを描くのと同じ工夫が有効だ！　「一（いち）を聞いて 十（じゅう）を知る」——自分で考える数学の世界ではごくありふれた話である。

76

解答例 ⑫

　いろいろな歴史的／数学的な事情が絡んでいるので，短い時間で模範的な解答を作ることは中学生・高校生にはむずかしいことだと思うが，《近代的知の世界》を開拓していった知性の巨人たちの思索に，若い人が一歩ずつ接近していくのは，心踊ることではないだろうか。

　中学生／高校生用に学年進行で整理されている数学的知識にぴったりと合う規範的な記述を，書籍の中に見つけることは一般に困難だが，数学的な順序，歴史的な順序，教育的な順序を無視してよいことにすれば（これを無視することはしばしばとても大切だ！　しかし，こういうときには，良き師，良き友がいるといい！），良い情報はたくさんある。

　皆さんが最も簡単に access できる Wikipedia にも，結構有益な情報がある。日本語なら

　　　　https://ja.wikipedia.org/wiki/放物線

だが，できたら英語のサイト

　　　　https://en.wikipedia.org/wiki/Parabola

を読む習慣を身につけることを勧める（日本語サイトのほうが優れていることもないわけではないが，一般には海外のサイトの情報のほうが充実している）。もちろん，Wikipedia のサイトからさらに，優れた記述が見出される多くのサイトに飛んでいくことで，皆さんの知識はさらに広がっていくだろう。

解答例 ⑬

　もちろんダメである。一般に $(\diamondsuit)$ から $x = x_1$ を導くことが許されるとき，関数 $f(x)$ は「**1：1 の関数** [6] である」という。高校以下で登場する関数は，やがて学ぶ指数関数，対数関数を含め，ほとんどが 1：1 の関数だが，その代表的な例外が 2 次関数であり，より本格的な例外が数学 II で学ぶ三角関数である。

　以上に関連して，高校数学以下の範囲の数学でとくに重要なことは，

―――――――――――――――――

6)　大学以上では「単射」injection と呼ぶ。

- "$a = b \Longrightarrow f(a) = f(b)$ すなわち $a^2 = b^2$" は成り立つが,
- その逆である "$a^2 = b^2 \Longrightarrow a = b$" は成り立つとは限らない！

ということである。一般に, **等式の両辺を2乗する**という変形は,「前に進むこと
はできるが元に戻ることはできない」という意味で, 一方通行の変形であるとい
うことをしっかり理解することは, 高校数学の入門部分の基本事項である。しか
しながら, これは上のような一般論を理解した人には, 2次関数 $f(x) = x^2$ が偶
関数であり, したがって 1:1 でない, というだけの話である。

解答例 ⑭

　異なる x の値 $x = \alpha, x = \beta$ に対して, $f(\alpha) = f(\beta)$ が成り立つとは, 幾何学
的にいえば, 関数 $f(x)$ のグラフ上に, y 座標が同じでありながら, x 座標は異な
る点 $(\alpha, f(\alpha)), (\beta, f(\beta))$ がのっているということ, $y_0 = f(\alpha) = f(\beta)$ とおけば,
関数 $f(x)$ のグラフと x 軸に平行な直線 $y = y_0$ が2個以上の共有点をもつことを
意味する。

解答例 ⑮

　いいえ, そうともいえない！
　2次方程式

$$f(x) = v \qquad \cdots\cdots (\diamondsuit)$$

すなわち

$$ax^2 + bx + c = v \quad \cdots\cdots (\clubsuit)$$

の場合なら, 方程式 $f(x) = v$ を満たすもう1つの x_2 は,

$$x_1 + x_2 = -\frac{b}{a}$$

という関係 [7] が成り立つおかげで, x_1 からすぐに求めることができる。

　【教訓】　数学でも人生でも, 何の役にも立たないものは, 意外に少ない。役
立てることができる人が少ないだけなのだ。

---

7)　2次方程式の「解と係数の関係」と呼ばれる有名な関係式の1つである。

解答例 ⑯

「取りうる値」の中で「最も小さな値」，「最も大きな値」という日常語的な表現を論理的な表現に置き換えようと試みるといい。「m が最も小さな値である」とは，「m より小さな値は取りえない」，つまり「いつも値は m 以上の値である」という点と，もう 1 つ，「その値 m 自身は取りうる値の 1 つである」という点の両方が成り立つことである，というのが大事な出発点である。

結論的にいえば，次のようになる。

変数 x が変域 $\mathcal{D}$ 内を変化するとき，関数 $f(x)$ の最小値 minimum が m であるとは，

- 任意の $x\,(\in \mathcal{D})$ に対して，不等式 $f(x) \geqq m$ が成り立つ
- ある $x\,(\in \mathcal{D})$ に対して，等式 $f(x) = m$ が成り立つ

の 2 つが成り立つことである。同様に，変数 x が変域 $\mathcal{D}$ 内を変化するとき，関数 $f(x)$ の最大値 maximum が M であるとは，

- 任意の $x\,(\in \mathcal{D})$ に対して，不等式 $f(x) \leqq M$ が成り立つ
- ある $x\,(\in \mathcal{D})$ に対して，等式 $f(x) = M$ が成り立つ

の 2 つが成り立つことである。

よって，変数 x が変域 $\mathcal{D}$ 内を変化するとき，関数 $f(x)$ の最小値が m，かつ最大値が M であるとは，

- 任意の $x\,(\in \mathcal{D})$ に対して，不等式 $m \leqq f(x) \leqq M$ が成り立つ
- ある $x_1,\, x_2\,(\in \mathcal{D})$ に対して，等式 $f(x_1) = m$ が成り立ち，かつ等式 $f(x_2) = M$ が成り立つ

の 2 つが成り立つことである。

解答例 ⑰

$a > 0$ のときは下に凸のグラフをもち，グラフは左右いずれの側でもいくらでも高くなっていく。いいかえれば，ある値（実際には最小値）以上のどんな大きな値も取りうるといえるが，それは「無限大」という《値》があることを意味しない。数直線でいえば，いくらでも正の方向にいかなる限界をも超えて進むことができるが，そのような進行の果てに，無限大という別世界が "極楽浄土" のよう

に存在しているとは，通常は考えないということである。

無限小についても同様である。

数学では，無限大・無限小を特定の意味で使う場面が，勉強が進むにつれてたくさん登場してくるが，「場面場面に応じた特定の意味」を離れて勝手な解釈のもとで使うことは許されない。

解答例 ⑱

皆さんが数学 III の微分法の知識をもち，かつ，前に紹介した「曲率」という言葉を憶えていてもらえると，簡単に説明ができる。

頂点における曲率半径 r が $\dfrac{1}{2|a|}$ であるので，この関係から逆に

$$|a| = \frac{1}{2\,\text{曲率半径}} = \frac{1}{2}\,\text{曲率}$$

ということになる。次の課題は，これを高校生レベルに翻訳するのに役立つだろう。

解答例 ⑲

以下は，高校生が厳密に考えることのできるいわば臨界状況の解答だから，これを読んだだけで理解できたと思うのは危険である。自分でいろいろ図を描いて，考える際のヒントであると思ってほしい。

【参考解答例】

方程式 $y = ax^2$, $x^2 + (y-r)^2 = r^2$ を連立させて共有点を考える。

その際，第 1 の方程式を $x^2 = \dfrac{y}{a}$ と変形して，これを第 2 式に代入して x^2 を消去すると，y についての 2 次方程式

$$\frac{y}{a} + y^2 - 2ry = 0 \quad \text{すなわち} \quad y\left(y - 2r + \frac{1}{a}\right) = 0$$

を得る。この方程式の解の 1 つである $y = 0$ は，円と放物線の自明の共有点である接点 $(0,0)$ に対応する。

もう 1 つの解 $y = 2r - \dfrac{1}{a}$ の右辺が正の場合には，これが円と放物線の原点以外の共有点となる。右辺が負の場合には，円と放物線の共有点とは対応しない（いわば虚の共有点）。右辺がちょうど 0 に等しいとき，つまり $2r - \dfrac{1}{a} = 0$ となるとき，この解も円と放物線の接点 $(0,0)$ に対応する。いいかえれば，この接点は

通常の接点が，2 つの共有点が接近してついに一致した場合の接点（2 点接触）で
あるだけでなく，4 つの共有点が接近してついに一致した 4 点接触の場合と考え
ることができる。

つまり，$2r - \dfrac{1}{a} = 0$ となる場合には，円と放物線が原点で極めてよく接する。
曲率円の半径 r が $\dfrac{1}{2a}$ となるわけである。

オンライン講演にいたる学校内の経緯

谷田部篤雄

　ここでは，なぜ，「学びとは何か？　何のために学ぶのか？」という主題のもとで長岡亮介先生のオンライン講演会が開催されるにいたったのか，その経緯について簡単に述べたい。

　本書の p.20 から展開されている「茗溪学園におけるオンライン授業についての一連の報告」にもあるように，我々はオンライン授業が開始された 4 月中旬，より正確にいえば，学内においてその方針が決定された 3 月末よりもだいぶ前の段階から，「生徒たちの中に自学自習の精神を育む」という願いを実現する方策作りに励んでいた。オンライン授業は，その方策の 1 つだった。

　自宅での自学自習のみをベースとした学びに不慣れな生徒たちに対して，元々検定教科書であったものに，編集責任者である主幹自身の音声講義がついている『長岡の教科書』（旺文社）は，オンライン授業の教材として最適ではないかと考えた我々は，すでにその採用を決断していた。「自学自習の土台がそれほどしっかりしたものではなく，紙背に徹して教科書を読むという習慣がない」生徒たちが少なくなかったことから，当然，この教材において学習範囲を指示するのみでは「学び」が成立しないであろうと考えた我々は，あとの報告にもあるように，

- 我々自身でも音声講義への解説動画を作成する。
- 音声講義や教科書の内容を enrich/encourage するようなワークシートを用意する。
- さまざまなツールで質問を吸いあげて，全体で共有する。

など，さまざまなサポート体制を構築していった。

　しかし，そうはいっても，「すぐ近くに気心の知れた教員がいて，いつでも質問ができる環境」から「教科書とにらめっこをしながら，知らない "おじさん" の音声解説を聞く環境」へと変化することに，不安をおぼえる者が多いであろうこと

は容易に想像がついた。そこで，音声解説されている長岡先生に，

- まずは，音声講義で「この "おじさん" 誰？」とならないためにも，我々との関係を含めた簡単な自己紹介をしていただきたい。
- コロナ禍という状況下，さらに，慣れない音声講義という形式で学習することに不安を抱いているであろう生徒たちへ向けて，その不安を少しでも取り除くために，「音声講義が数学の勉強にもつ強み」を語るとともに，
- 我々がコロナ禍以前から掲げていた「自学自習」というテーマについて，「数学，さらにはより広く，学び全般において，なぜ，自学自習が重要なのか？」という疑問に答える形で，これから自宅での自学自習に向き合っていくことになる生徒たちを勇気づけていただきたい。

このような趣旨のビデオ・レターの作成をお願いした。半分は生徒たちのための依頼であったが，もう半分は，自学自習という大きなテーマに悩む我々に何らかのヒントを与えてもらいたいという気持ちであった。

　私がお願いした「問うのはやさしいが，答えるのはむずかしい」この「難問」に対して，2日も経たないうちに，

1. 『学習とは何か』
2. 『数学の勉強法』
3. 『教科書の重要性と必然的限界』

というタイトルの3本のビデオ・レターによる「解答」が送られてきた。本来であれば，このビデオ・レターそのものを読者の皆さんにみていただきたいのであるが，それはかなわないため，最も印象的であった「学習とは何か」の一部分を，メッセージの魅力が損なわれることを承知で，「脱線にみえる余談」（深く考えると脱線ではないのですが……）を割愛しながら，以下に載せる。

　　最近では，「良い先生の良い講義を受けること」が能率的な勉強法と思われがちのようですが，私からいわせれば，それは「真の学習」ではありません。確かに，「学習」という言葉や，孔子の「学びて時に之を習う」にあるように，「先生に学ぶ，書物で学ぶ」といった受動的な勉強の側面もありますが，「習う」という側面，すなわち「自分の心で納得する」という側面が重要です。「学習」というのは「学ぶ（受動的な勉強）」と「習う（能動的な勉強）」という2つから成り立っているということです。日本では，この「学習」に「自ら」

という言葉をつけて,「自学自習」という言葉がよく使われますが,いずれに
しても,「自ら」「習う」といった「能動的な勉強」が大切なわけです。しか
しながら,このことは最近忘れ去られてしまう傾向にあるように思います。

　私たちが勉強するときは,確かに,「耳で聞き,目でみる」といったよう
に,五感を通じて情報を受け取っているわけですが,決して「目で勉強して
いる」わけでもなく,「耳で勉強している」わけでもなく,「目や耳からの信号
をキャッチし,その信号を処理している脳で勉強している」わけでもありま
せん。「勉強する」とは,「私たち自身,いわば,心で勉強する」ということで
あり,心で理解し,納得しなければ何の意味もありません。そして,**「心で
理解する」上で,目や耳を通じて得られる情報が豊かであればあるほど,じ
つは心での理解が貧弱になってしまう**と私自身は感じています。皆さんの心
を豊かにして勉強していくためにも「自学自習＝学習の能動性」が決定的に
重要であるということです。

　「やる気を引き出す授業が良い授業」などとよくいわれますが,本当に「良
い授業」とは,**「自学自習に向けて勇気づける授業」**ということではないかと
思います。もちろん,自学自習だけでは「わからないこと,あるいは,勘違い
して,そのまま突っ走ってしまう」ような間違いもよくありますから,その
間違いを軌道修正するような機会としての授業,あるいは友達との議論,こ
れらはとても大切です。勉強は孤独な作業ですから,ときに,それに寄り添
う仲間の存在は決定的に重要です。しかしながら,そのような良い先生,良
い仲間がいたとしても,基本は自学自習であるということです。

　これに関連して,少し面白いたとえ話をしましょう。

　最近は,テレビジョンも 4K とか 8K とかすばらしく高性能なものができ
ていますが,私からすれば,それよりも遥かに解像度の低い昔のハイビジョ
ンでさえ,それに出会ったときは「何と綺麗なものか！　これ以上のものは
必要ない！」と思いました。そのような時代にたどり着く遥か昔の話ですが,
私の子どものころのブラウン管を使ったテレビなどは,もっともっと貧弱な
映像でしたし,液晶パネルになってからも貧弱な時代が長く続きました。さ
らに私が小さい子どものころは,白黒映画が標準的でした。**面白いことに,昔
の白黒映画のほうが,いまのフル・ハイビジョンの映像による映画よりも遥
かに感動的**でした。

　私が子どものころに観た映画で忘れられないのは,オードリー・ヘップバー

ンが主演した『ローマの休日』で，これは最高の名作であると，いまでも思っています。この白黒映画の，いまから見れば貧弱な映像の中に，ものすごく豊かな抒情の世界があります。映画は，私よりも昔の人であれば，音がついていない，いわゆる「トーキー映画」でしたし，映画ができる前はもっぱらラジオでした。

　私は子どものころ，ラジオのドラマが大好きでして，毎週楽しみにしていたものです。いま，テレビでも多くのドラマがありますが，私が子どものころに感動したラジオ・ドラマに匹敵するようなものはなかなか見当たりません。ラジオ・ドラマはテレビに比べると，遥かに情報量が少ないけれども，それだけ豊かな世界が描かれていたと思います。「ラジオ・ドラマの脚本を読む」となれば，文字にすれば，私がいまお送りしているビデオ映像と比べると何十分の一，あるいは何百分の一の情報量になるかもしれませんが，遥かに深い感動がそこにはあります。

　このように，**情報量に関して，小さければ小さいほど，心に豊かな情報が広がる。**これを私は「情報伝達のパラドックス」と昔から呼んでいます。「なぜ，このようなパラドックスが成立するのか？」，その科学的理由はわかりませんが，おそらく，「情報が少なければ少ないだけ，私たちが心でもってその情報の少なさを補う，そのような「能動性」が掻き立てられるからではないか」，私自身はそう考えています。数学の勉強の場合でいえば，この「能動性」が決定的に重要なわけです。

以上を読んでいただければ（「情報伝達のパラドックス」によれば，文字で読んだからこそ），「大の大人でも容易には理解できない」内容であることは，十分におわかりいただけるのではないだろうか。

　もちろん，長岡先生ご本人は「若い人に一生懸命に考えてもらいたい」という狙いでもって，あえてわかりやすく話さないようになさっておられることは私自身も理解していたつもりだが，それでもやはり**「生徒たちには少しむずかしすぎるか？」**という不安をもちながら，おそるおそる生徒たちにビデオ・レターを見てもらった。その結果，私の不安は，良い意味で大きく裏切られることとなった。その「証明」として，私自身が担当している中学2年生（茗溪学園44回生）の生徒たちが書いてくれた感想の一部をおみせしよう。

- 情報伝達のパラドックスの「情報量が小さいほうが心に豊かに伝わる」とい

うことに，なるほど，確かに文字や言葉だけのほうが頭に入ってきやすかったりすることがあるな，と思った。

- 情報が豊かであればあるほど，人はわかった気になるから，あとから自分でやろうとしてもわからないのではないかと感じた。

- 『毎週のラジオ・ドラマを楽しみにしていた』と聞いて，「そんな日本の歴史という漫画に載っているような経験をした人が現代にいたのか！」と驚きました。「情報量をあえて少なくする」という発想は目から鱗でした。

- 人から人への情報伝達ではなく，自分から自分の心への情報伝達，という考え方を興味深いと感じました。いままで良い先生に当たることが大切，と信じてきましたが，それが根本から覆されました。

- 良い先生の新しい見方を教えてくれました。いままではわかりやすく自分が理解できるように説明してくれる先生が良い先生だと思っていましたが，自分で考えて自分の心で理解できるように，全部はいわない先生も良い先生なんだなと思いました。

- 「わかりやすい先生から学べば自分の学力も向上する」というのは誤った認識であり，本当の学びというのは，「自分の心で理解するということである」という先生の話にすごく驚きました。私はこれまで，自分の学力を向上させるには，わかりやすい先生に教えてもらうことが一番だと思っていました。しかしよくよく考えてみれば，勉強は自分のためにしているものであり，最終的には自分が理解したかどうかです。これからは「自分の心で理解する」ということを意識して，授業や自主学習に臨もうと思いました。

- 長岡先生の話はむずかしい用語が多く，自分は一度では完全に理解できませんでしたが，よく聞くと，数学以外の教科にも通じる内容で，本当に良い授業とは自分から学習させる意欲をつけるというのにはとても納得しました。

- 自学自習ってもっと個人的にやっている課題みたいなものだと思っていたけど，自学自習を促すような授業があると聞いて少し驚いた。いままでの授業も楽しかったけど，自学自習を促す授業も楽しそうだと思った。

- 学習にはお互いに励ましあう仲間は必要であるが，学習とは基本，自学自習であり，自ら学んだり習ったりするものであるため，自ら行動しないと，どれだけ仲のいい友達や先生がいたとしても成績は伸びないということを改めて学びました。また，数学は学ぶというよりかは納得するという言葉のほうがあっている学問なのだなと思った。

- 基本，自学自習が重要であり，授業はその修正であることが大事だと知った。
- 「学習とは心で学ぶことであり，心で学ぶためには豊かな心をもつ必要がある」という発言，「心から納得することが学びの上で大切」という発言に共感しました。そして，この話から，一回「わかった」ところで，それは本当にわかったということではない。何回も自習（自学）をして再現をすることで本当にわかる（心から納得する）ことができるということを感じました。
- 私は，この長岡先生の動画を見て，「真の学習や自主学習」の意味を知りました。また，心で理解，心で納得することの大切さを知ることができました。私はいつも，授業でノートをとってわかっていたつもりでした。でも，それだけでは心で納得することはできていなかったと思います。なので，これからは自分の納得するまで，心で納得するまで学習しようと思います。そして，ラジオ・ドラマなど，情報の少ないものにも目を向けていきたいと思います。
- 私はいままで学習に対して，ただ単にいい大学に入って，安定した人生を送るために必要で，そのために頑張るものだと思ってました。たったいま，その思考自体が，五感からくる豊かな情報のために貧弱になってしまった自分から来るんだと気づきました。本当に長岡先生のいうとおり，自学自習は忘れ去られるものだと思いました。私はずっとテストになったらその場限りでものを覚えてましたが，大切なのは心で理解しないと本当に自分の一部にならなく，成長しないという部分だと感じました。

この生徒たちからの「たくましい反応」を読んで，私自身は「生徒たちにはむずかしいか？」という言葉を使うことは今後一切やめなければいけないと深く反省をした。なぜなら，ここでいう「むずかしさ」とは，あくまで私自身（大人）にとっての「むずかしさ」であり，私（大人）にとってむずかしいことが，決して生徒たちにとってむずかしいとは限らない，ましてや，今回のビデオ・レターの感想のように，むずかしいことであっても，きちんとそのむずかしさを受け止めて，その理解に向けて試行錯誤する生徒たちの姿を目の当たりにしたからである。そんな頼もしい生徒たちの教育にあたる上で，まずは私自身がもっと高い場所，遠く先を見据えて，教育にあたらなければならないということに気づかされた。

このビデオ・レターの感想を読んだ長岡先生は，生徒たちのたくましさに感心されたのか，その後も何本かビデオ・レターを送ってくださった。その内容は，どれも「むずかしい」ものであったが，

　　むずかしいものはむずかしい，それを簡単にわかりやすくかみ砕くことな
　ど意味がない。しかし，むずかしいからこそ楽しく学びがいがある

という気持ちで，生徒たちに突きつけ続けた。突きつけられた生徒たちも，その
むずかしさと一生懸命格闘しながら，理解に向けてきちんと苦しみ，ときおりの
理解に大喜びしてくれた。

　その姿をみながら，「何のために学ぶのか？　学びとはどうあるべきか？」とい
う，私自身がこれまで生徒たちから何度も質問され，一度も上手く答えられてい
ないテーマについて，私よりも遥か遠く先を見据える「長岡先生の答え」という
「むずかしさ」に生徒たちを挑ませたい，遭遇させたいと思い，今回のオンライン
講演会の開催にいたった。

オンライン授業体制についての総括
—— 鮮明になった私たちの数学教育の過去・現在・未来

磯山健太・新妻 翔・谷田部篤雄

茗溪学園での奇跡的な数学の学習改革を可能にした
熟慮・決断・団結

---

1. はじめに

1.1 そもそも「自学」とは何か

この論稿では，茗溪学園でのオンライン授業の報告の前段階として，従来型授業かオンライン授業かに関係なく，もっと根本的な問いとして，「生徒たちの自学を阻むものはなにか」というものを考察したい。そして，そのことを通して，生徒たちの「自学」を促進するために本当に必要なものを浮き彫りにし，コロナ禍のために否応なく行うこととなった本校のオンライン授業において，本校の生徒たちになぜ「自学」の姿勢が芽生えたのか，それを分析するための理論的な準備をしたい。

まず，議論の前提として，自学とは何かについて考える。

学校数学において，生徒たち，保護者，そして，ともすると教員の間でも，「学校数学の学習とは，問題を解くことがすべてである」と強く信じ込まれている風潮がある。それは，学校数学に関わる多くの人々が，学校数学の最終的な到達目標を，「できる限り多くの大学入試問題を解けるようになることだ」と設定しているから，または，そう設定したくなくても，苦渋の選択を迫られ，いたしかたなくそう設定しているからであろ。もちろん，将来の自己実現のために，大学入試問

題が解けるようになり，大学入学者選抜を突破することが生徒たちにとって「死活問題」であることは否定しない。また，「問題を解く行為」それ自体が数学の理解を深める一助になることも否定しない。しかし，ここでは，改めて，「できるだけ多くの問題が解けるよう努力すること」を自学の定義とはせず，学校数学における「自学」を，

　　　生徒たちが自ら教科書を読み進めることにより，そこにかかれている数学
　　の主題の深い理解を目指すこと

と定義する。

　なぜ，このように定義しなければならないのか，また，なぜこの意味での「自学」を促さなければならないのか，本論稿の議論を進めながら，少しずつ明らかにしていきたい。

2.　「教科書を使って予習をしてきなさい」は可能か

2.1　「主題を深く理解する」とは

　「授業の前に教科書を読んできなさい」という教員の発言は，コロナ禍以前，本校ではよくみられた安直な予習の"指示"であった。しかし，ここでは，そもそも，「教科書を読む」とはどういうことなのかを考え直したい。すなわち，「教科書を読む」ということが，1.1節で述べた「自学」の定義にあるように

　　　「教科書にかかれている数学の主題を深く理解する」ということ

だとすれば，これはどういうことなのかを考察する。

　文科省検定教科書は，一般的に，

　(1)　概念の導入と定義
　(2)　定理の主張と証明，そして代表的な活用例
　(3)　概念や定理をより深く理解するための例題
　(4)　例題の理解を確認するための練習問題

という形で構成されている。そして，これらの内容が，「できる限り体系的に，かつ論理的な欠陥がないように無駄なく簡潔に記述されている」という点が教科書のもつ最も価値のある特徴である。

　しかし，ここでは，「定理の証明や例題の解法の論理をおうことができる」といった，「教科書の表面にある記述を理解すること」だけでなく，

　教科書の紙背に隠された，その単元の根底に流れる「文脈（＝ストーリー性）」まで読解するということ

が，「数学の主題を深く理解する」ということだと強調したい。ここでいう，「文脈（＝ストーリー性）」とは，

- (a)　その概念を考えることに，どんな嬉しさがあるのか，その意義
- (b)　その定理が成立することに，どんな嬉しさがあるのか，その意義
- (c)　単元内の話題どうしにどんな連関があるか，その有機的なつながり
- (d)　その単元内で理解の核心となる最少の基礎理解は何か

などである。

　その具体例を挙げるとすれば，数学B「ベクトル」の単元[1]では，以上4つの「文脈」に対応するものとして，

- (a′)　内積を考えることにより，2直線のなす角を，比較的容易に[2]求めることができる
- (b′)　「ベクトルの分解の定理」によって，線形独立なベクトルの組から，平面または空間内に，新しい座標系を定義できる
- (c′)　内分点・外分点の公式は，3点が一直線上にあるための条件[3]

$$\overrightarrow{\mathrm{AP}} = k\,\overrightarrow{\mathrm{AB}} \text{ となる実数 } k \text{ がある}$$

　の特別な場合にすぎない

- (d′)　「ベクトル」の単元において，理解の核心となるのは，「共線条件が平面・空間に関係なく，ベクトルの概念を用いて自然に表現される」，「空間内における『共面条件[4]』が共線条件の自然な拡張として表現される」，「内積を利用して2直線のなす角を求めることができる」の高々3つ程度である。

などが考えられるだろう。

---

1)　本校の高校2年生が，今回のコロナ禍によるオンライン授業期間でこの「ベクトル」の単元を学んだ。
2)　具体的には，内積の成分表示により，結果的に，「余弦定理」による計算を省いて求められる。
3)　以下，これを「共線条件」と呼ぶことにする。
4)　空間内の4点が同一平面上にあるための条件，すなわち，

$$\overrightarrow{\mathrm{AP}} = s\,\overrightarrow{\mathrm{AB}} + t\,\overrightarrow{\mathrm{AC}} \text{ となる実数 } s, t \text{ がある}$$

という条件を「共面条件」と呼ぶことにする。

　以上のような，目に見える形で記述されているわけではないけれども，その紙背に確かに存在する「文脈（＝ストーリー性）」までしっかり見抜くこと，それが「主題を深く理解する」ということだと主張したい。

2.2　教科書を読んで「主題を深く理解する」ことは可能か

　以上の立場から，改めて，

　　　単に，教科書を読んでくるという意味での"予習"だけで，教科書にかかれた数学の主題の深い理解を目指すこと（＝自学）は可能か

という問いを考えると，「教科書を使って予習してきなさい」という安易な指示だけで簡単に達成できるものではないと容易に想像できる。それは，教科書の表にかかれている，「間違ってはいない」数学的な記述を隅々まで読み込むことはできても，その記述の間，あるいは裏に存在する「文脈」を見抜くために，その数学的な記述を，あるときは批判的に，またあるときは俯瞰して読解する姿勢が求められるからである。

　したがって，これこそ，我々が真に頭を悩ませ試行錯誤すべきことではないかと考える。すなわち，

　　　生徒たちの中に，「批判的にまたは俯瞰して教科書を読む姿勢」をいかに育めるか，そして，それを通じて，いかに「ひとまずの理解で満足せず，主題のより深い理解を目指す学び（＝自学）」を促すことができるのか，そして，そのために最適な教材や授業の展開は何か

という問いに真剣に向き合うべきなのである。

3.　自学を阻むのは教員！？

3.1　「教科書＝how to 本」という誤解

　「例題を参考にして，練習問題をすべて解いてきなさい」という"予習の指示"は，「教科書を読んできなさい」というそれよりもさらに質が悪い。しかし，残念なことに，この手の発言は，コロナ禍以前，本校でもよく聞かれるものであった。また，本校に限らず，もしかすると，多くの学校現場でも耳にすることかもしれない。そのような発言をする教員の多くは，おそらく，教科書の記述の表面的な理解のみに基づいて，

　　　　　教科書 ＝ 基本問題の解法が網羅されている how to 本

92

という「間違った等式」を妄信しているのではないだろうか。

　しかし，本来，教科書内で採用されている例題や練習問題は，まさにその問題を通してこそ，その問題の背景にある数学の概念や定理の理解を深化できるからその場所に配置されているのであって，「この問題はこう解けます」という「howto」を脈絡なく紹介しているわけでは決してない。したがって，2.1 節で述べた，各数学の主題を構成する以下の 4 つにおいて，当然，互いの論理的・数学的なつながりを意識すべきであり，4 つのうちどの 1 つも軽視されるべきではない [5]。

(1) 概念の導入と定義
(2) 定理の主張と証明，そして代表的な活用例
(3) 概念や定理をより深く理解するための例
(4) 例題の理解を確認するための練習問題

　しかし，「1 つ 1 つの問題ごとの解法さえマスターすればよい」という信仰からか，(1) と (2) の部分をないがしろにして，「すべての例題練習問題，そして節末章末問題……の個々の解法を生徒たちに『訓練』させる指導」に執着している教員が存在するという面もあるかもしれない。

　もちろん，「教科書で採用されている問題をすべて解決すること」を通して，「そこに記述された数学の主題を深く理解する契機となりうること」は否定しない。しかし，あくまでも，(1) と (2) に対応する，例題練習問題以外の数学的な記述まで含めて読み解くこと，そしてさらには，2.1 節で述べたように，その記述の間に存在する「文脈（＝ストーリー性)」まで見抜くことで，初めて深い理解に到達できるのだと主張したい。

　そして，さらに付け加えて述べれば，その「深い理解」さえ獲得できれば，どんな問題でも弾力的に解決できる，本当の意味での「確かな数学の基礎力」が身に着くということも，重ねて強調しておきたい。

3.2　誤解の原因分析

　(1) と (2) に相当する数学的な記述，そしてその間や裏に存在する「文脈（＝ストーリー性)」を軽視して，教科書でさえ「演習のための演習書」とみなしたり，

---

5)　ただし，最後の「練習」は，「例題の単なる繰り返し」という役割にすぎない問題であれば，むしろ軽視してよいと考える。その際，「例題の理解をふまえてさらに理解が深化する，より最適な問題は何か」を批判的かつ創造的に考えることが，むしろ我々教員の腕の見せ所ではないだろうか。

またはそういう方法でしか教科書を利用できない理由は何だろうか。または，そうしたくなくても結果的にはそうせざるをえない理由は何だろうか。私が推察する理由は，

- 教員でさえも，その単元の数学的な記述の紙背に潜む「文脈（＝ストーリー性）」を見出すことがそう簡単ではないから
- 仮に，その「文脈（＝ストーリー性）」を教員自身が理解したとしても，その価値や発見の術を，生徒たちに伝えることが容易ではないから
- 以上帰結として，生徒たちにも，そして教員にも肌で実感しやすい"達成感"を得られる，「演習のための演習」に固執するしかないから

である。

つまり，生徒たちを先ほど述べた意味での「自学」へと導くには，そもそも教員がその単元の「文脈（＝ストーリー性）」を見出していなければならないのである。そして，そのためには，

- 体系的かつ論理的欠陥がないように見える教科書においても，じつは，「高い立場[6] から見れば，論理的に怪しい，または自然な流れでない議論が存在する」という事実に気づけるだけの，「確かな数学の実力」を有していること
- そして，その「確かな数学の実力」でもって，教科書を批判的に分析したり，さらにはそこに隠された「文脈」がより鮮明になるように数学的な記述を精選・再配列したりするような，言わば教科書を「再構成」する気概を有していること

が必要不可欠である。自身が中高生だった頃から少し毛のはえた，「生徒たちより少し問題が解ける」程度の「ちょっとできる受験生」レベルでは，教科書の紙背に隠されている「文脈（＝ストーリー性）」を見抜くことなど到底不可能である。

---

6)　「大学以上の数学の立場」という意味である。たとえば，「ベクトルの成分」1つとっても，
　　　直交座標が始めから与えられているのに，改めて線形独立な2つのベクトルで「成分（座標）」を定義する
というのは，線形代数を学べば，その不自然さがわかるはずである。むしろ，「互いに直交していなくても，長さが同じでなくても，線形独立なベクトルの組さえあれば，それらを利用して，新しい座標系を定義できる」というのが，ベクトルの成分における，自然な「文脈（＝ストーリー性）」ではないだろうか。

4. 真の意味での「自学」を目指して

4.1 教科書を「再構成」しても足りないこと

　幸い，本校では，コロナ禍以前から，新妻氏，谷田部氏はもちろん，それ以外の一部の教員の間でも，単なる「how to」を指導するのではなく，生徒たちが「主題の深い理解」を獲得することを目指す取り組みを行っていた。具体的には，教科書を「再構成」した独自プリントを中心的な教材としたり，教科書の紙背にある「文脈（＝ストーリー性）」まで解説する講義を展開したりなどである。しかし，それだけでは，2.2 節で述べた問い，すなわち，

　　　生徒たちの中に，「批判的にまたは俯瞰して教科書を読む姿勢」をいかに育めるか，そして，それを通じて，いかに「ひとまずの理解で満足せず，主題のより深い理解を目指す学び（＝自学）」を促すことができるのか，そして，そのために最適な教材や授業の展開は何か

という問いの解答には到底なりえなかった。その証拠としては，

(1) 「主題の深い理解」を重要視する思想が教員の間で共有されないことがあること（⟺ 全教員がそのような思想をもっているわけではないこと）

(2) そうであるにもかかわらず，ほとんどの生徒たちが，6 年間の間に，複数の教員の授業を受けざるをえないこと

(3) そして，仮に「主題の深い理解」を重要視する教員が教え続けられるとしても，「講義を通してしか，または教員が教えることだけでしか，生徒たちが主題の深い理解を獲得することはできない」という潜在意識から抜け出せきれていなかったこと

が挙げられる。

　さらに付け加えれば，(1) と (2) に関連することとして，本来であれば，たとえば授業ごとまたは 1 年ごとに，いわば「『教科書の再構成』の再構成」（教科書の「再構成」である独自プリントや「文脈（＝ストーリー性）」を解説する講義を教員間で open に共有し，その「再構成」がより良いものになるよう精査・改訂を重ねること）をすべきであったが，そもそも，「主題の深い理解」の重要性が全教員で共有されるわけではなく，このような建設的な前進は到底叶わなかった。このことは，コロナ禍以前の本校数学科が深く反省すべきこと，そして今後改善すべきことの 1 つである。

　そして，今回のコロナ禍によるオンライン授業を通して得た，我々にとって最も決定的だった事実は，(3) のように，仮に「主題の深い理解」の重要性が全教員で共有されたとしても，生徒たちの，真の意味での「自学」を促すには不十分であったということである。この事実の詳細と分析については，この後の新妻氏，そして谷田部氏の論稿を参照してほしい。

4.2　おわりに

　本論稿では，「数学における『自学』とは何か」という問いを考察してきた。この問いは，今回のコロナ禍によるオンライン授業を経験し，改めて真正面から向き合うことのできたものであった。そして，この後の新妻氏の論稿にあるように，やむを得ず開始したはずのオンライン授業で得られた，意外な効果と教訓が，この問いを考察することの重要性を，茗溪学園数学科に強く再認識させてくれた。

　この「前進」の最も大きな原動力となったのは，コロナ禍によって引き起こされた「直接学校で学ぶことができない」という逆境にも決してめげず，オンライン授業を通してともに数学を学んでくれた本校生徒たちの，真摯で逞しい「自学」の姿勢に他ならない。ここで改めて，本校の生徒たちに，心から感謝したい。

[文責：磯山健太]

オンライン授業体制下で初めて見えた生徒の数学学習への新しい姿勢

1.　はじめに

　本章では，我々が茗溪学園にて行ったオンライン授業の概要と，それによって生まれた（であるからこそ達成できた），従来型の授業とは異なる教育効果と，初めて見えた生徒たちの数学学習への新しい姿勢について，実践報告という形で述べる。

2.　オンライン授業の概要（内容と方法）

　今回，我々3人は中学2年生（240名），高校1年生（50名；高校新入生），高

校 2 年生（170 名）を対象にオンライン授業を行った。音声講義（DVD）付きの『長岡の教科書』（旺文社）と独自作成のテキストを学習のベースとしておき，授業前あるいは授業内に音声講義や独自に作成した講義動画を視聴してもらい，それを踏まえて双方向型の授業を展開した。

　授業構成に若干の違いはあれど，

(1)　担当教員が「音声講義の理論的な補足やさらなる展開を含む講義」や「独自テキストに基づいた講義」を行う（LIVE または動画）

(2)　microsoft forms や google form を使用して，授業ごとに，音声講義の内容の基礎的な理解を問う数学的な「質問／小テスト」(ただし，音声講義や授業動画で語られている意図や思想を理解していなければ解けないようなもの）を行う

(3)　(2) の「フォーム」を利用して，幅広い "質問" を受け付ける

(4)　授業時間内にも，リアルタイムで個別な質問を受け付け，場合によっては全体で共有する

(5)　授業の冒頭で，(2) の「質問」の解説動画を視聴したり，LIVE 授業を行ったりして理解の確認／深化を行う

ことは，どの学年でも行った。このほかにも，学年によっては，google classroom を用いて記述式の試験に取り組ませたり（オンライン上で添削して返却する），音声講義の予習で使用する教員自作のワークシートを配布したりした。

3.　オンライン授業を構成する上での前提

　従来の学校における数学の授業の「型」では，学年に数名の教員が関わって，1 クラス約 40 人規模の生徒を相手に 1 人の教員が付き，ある程度の共有事項（数学の学びにおいて大切にしたいポイント／概念）はあれど，各教員が良くいえば独創的に，悪くいえば自分勝手に授業を行うため，6 年間を通して一貫した学びの精神を育みにくいだけでなく，磯山氏が指摘したような「演習のための演習」として，解き方もわかりやすく「訓練」してくれるという意味での "良い" 教員に教われば教わるほど，生徒に教員に依存した学びが定着してしまうという恐れがある。

　さらに，定期試験の点数で区別された習熟度別クラス[1] は，その名の通り「理

---

1)　本校では，中学 3 年生からこの区別が始まる。

解の深度に応じたきめ細かな対応」といえば聞こえは良いが，その内実は「数学の理論的展開と奥行き」の“むずかしさ”の追究は避け，「演習問題の量（≠質）」と「（見かけ上の）難易」のバランスをいじるだけという，その場しのぎの力だけ身に付けさせる知識伝授型で，手取り足取り的になりがちな“サービス”によって，上で述べた「生徒たちの教員依存の学び＝受動的な学び」が加速していることに，我々は危機を感じていたのである。

　そのような環境の中で，我々がコロナ禍以前（というよりは直前）に意識していたことは，「学校内の数学の授業において，どのようにすれば生徒たちの予習をencourage できるか」ということであった。それまでは，検定教科書や市販の問題集をそのまま利用したのでは展開することのできない「ストーリー性をもった数学の授業」を目指し，そのための補助プリントやテキストの作成に精を出していたが，「生徒たちの自学自習を促す視座」が欠けていては，どんなにストーリー性のあるテキストを使用したとしても「受動的な学び」を超えることはできないという事実に気がついたからである。

　とはいっても，「受け身で学ぶ」ことしかしてこなかった生徒が半数以上を占める中で，授業の時間外での「予習」を課しても，「そもそも予習とは何をして，何を考えればよいか？」ということが，生徒も（教員も）わかっていないのが現状であった。そこで，昨年度末に一部のクラスで

(1) 「自分一人で教科書を読み，問を解き，考える時間＝予習の時間」を授業の最初の時間で確保する。

(2) (1) が終わった順に「周囲の友人とそれらを共有し，議論し，教えあう時間」に入る。教員はグループを周りながら，疑問を収集する。

(3) (2) で収集した疑問の中で，全員で共有すべき話題があれば，教員が全体に向けてヒントを出すか，解説をする。

という構成で授業を行ってみたが，日を増すごとに教科書に書かれた数学の理論的な核心に疑問を抱くようになり，その質も向上してきた。驚いたことに，我々の「講義」時間が圧倒的に減少したにもかかわらず，生徒たちの議論と教員が与えた少しのヒントだけで従来の授業と同等の成果（＝生徒たちの様子からうかがえる理解度の深さ）を得られただけでなく，自主的に学びを進める生徒が増加したのである。というのも，これまでは教員が行う講義を受けたり，教員自作の問題演習プリントに取り組んだりすることが数学の学習だと思っていた，つまり，数

学の学習は与えられるものであると思っていた生徒たちが，授業開始前から教科書を読み進めたり，授業内でも，指定した範囲を超えて，理解できていない内容に戻ったり，少し先の内容まで理解しようとし始めたのである。

これらのことを踏まえて，我々がオンラインという特性を生かした授業を行う際に掲げた第一の目標は，

> 生徒たちの自学自習をさらに encourage/enrich するような教材／内容／機会を提供すること

であり，そのためには，従来のような，教室（クラス）ごとに情報が隠伏された，教員にとっては危機感のない "安寧" の空間を開放し，全生徒がアクセスでき，全生徒がそれぞれの理解の深浅にかかわらず考えがいのある「本当にむずかしいからこそ学ぶ価値のある数学」を自主的に責任感をもって学ぶことができ，理解が深化する喜びを体験しやすいような授業内容や方法を模索することとなった。

4. オンライン授業による，従来型の授業とは違った教育効果について

オンライン授業を実施してみて，運営面では良さと悪さの両面が見られたが，我々の掲げた目標の周辺に注目すると，従来型の授業ではなしえなかった多くのことが達成できた。それらを簡単にまとめると，

- 「問題ごとの解法習得」重視から，「数学の主題の理解」重視に，教員も生徒もシフトできたこと
- 生徒が自分の理解に誠実に向き合えるようになったこと
- 「わからないことを自分でわかろうとする」のが当たり前になったこと

である。これらについて，以下で具体的に論じていく。

4.1 生徒も教員も数学の理論的な理解を大切にするようになった

双方向型の授業でもあるので，個別な質問を拾い上げて全体で共有することはできるものの，全員の表情を見て授業が行えないために，教室に集まって授業を行う場合に比べて，手取り足取り的なきめ細やかな対応はできない。そのため，生徒は教員に過度に依存することはできず，自分自身の力で文章や音声講義，授業動画から理解を深めなければならない。つまり，生徒たちはこのオンライン授業においては，自ら学ばなければ数学の概念を理解することはできないため，"良い" 教員による，余計な親切（悪い意味での教育的配慮）を受けることはない。さ

らに，理解を確認する，ないし深化させるための我々の自作問題は，基礎概念，あるいは磯山氏のいう「数学の主題」を理解していなければ解けないような問題であり，演習問題ごとに丁寧でわかりやすい ad hoc な技術的な解説もしないので，基礎となる概念の理解さえあれば数学の問題は解くことができるという認識が高まる。これまでは，「聞き逃してしまったのでもう一回教えてください」といった再度説明の依頼や，具体的な演習問題の解法に関する質問が多く寄せられていたが，この期間では

- 概念そのものの解釈の仕方に関するもの
- 教科書や講義の中では触れられていなかった概念の別の側面，あるいは発展に迫るもの

といった自身が深く思索した末に到達できるような質問・意見が大半を占めるようになった。具体的にいうときりがないが，たとえば，データの分析に関して

♣ 最頻値について，「度数が最も大きい階級の階級値」とあったのですが，度数が最も大きい階級が2つあった場合はどうするのですか？ その場合は最頻値は意味をもつのですか？

♣ 「データの範囲」は「最大値 − 最小値」と定義されていましたが，テストの点数のようにデータの値が整数値と決まっているときは，植木算のように「最大値 − 最小値 +1」と計算すべきではないのですか？

のような質問が寄せられ，確率では

♠ 「排反のときは和，独立のときは積」のようにその"手法"に着目して並列して書かれている参考書などがあって，混乱してしまったのですが，「排反」は事象の間の関係で，「独立」は試行の間の関係なので，そもそも対象が違う概念ですよね。このように対比的に書かれるのであれば，なぜ同じ言葉で定義しないのですか？

のような質問が，三角比では

◇ sin, cos, tan の3つが取り上げられていますが，三角比を考える上では，直角三角形の2辺の長さの比が決まれば，もう1辺の長さとの比も決まるので，本質的には1つでよいのではないですか？

◇ 余角公式「$\sin(90° - \theta) = \cos\theta$」について考えてみたのですが，左辺に関して，

$$\sin(90° - \theta) = \sin 90° - \sin\theta$$

という "変形" をしてしまうと，たとえば $\theta = 45°$ のときに成り立たなくなるので正しくないことはわかりますが，私の "変形" のように，分配法則のような変形はできないのですか？

のような質問が寄せられた。特筆すべきことは，このような質問が，普段は理解するのが遅いと思われていた生徒たちから多く寄せられたという点である。

さらに，関わった全学年で，普段は，定理の証明にはまったく関心を払わず，問題が解けることを第一目標にしていたような生徒の中に，演習問題を解くことに先立って

その定理や法則はなぜ成り立つのか？

という理論的な疑問が起こり，その疑問を解決したいと思うようになるという「変化」が起こり始めた。証明が腑に落ちないことを訴える相談も多かったが，それ以上に，三角形が "つぶれる" 場合にも余弦定理が成り立ったり，ベクトルの内積が成分同士の積の和で表されたりするかどうかに疑問をもち，自身で解決しようとしたり，各定理の別証明を考え，提案してきたりする生徒が増えたことも驚くべき「変化」であった。

このような「変化」は，生徒が数学の理論的な理解を，ひとまずは大切にするようになったことを証明している。

一方で，1学年の授業を同時刻で行うことができるため，教員の「持ち時間数」が圧倒的に減少し，我々教員が1回の授業の準備（いわゆる教材研究）にかける時間が増大したが，反対に，1人の生徒に直接的な手取り足取り指導ができなくなった。これによって，我々教員も，今までのようにすぐに生徒に "手出し" ができなくなった（場合によっては生徒の様子に合わせて時間を止めたり，雑談をしたりする）ことと，作ったコンテンツが全員の目に触れるという強い責任感から，「安易なわかりやすさ」よりも，可能な限り理論的に緻密でありながらもシンプルに文章を書いたり，授業動画や解説動画を取るようになった。演習問題一つとっても，自作したものか問題集から選んできたものかにかかわらず，出題するならば解答例と解説動画を作成する（出題の意図や発展性）必要がある。そのため，同じ問題を何度も解かせることや，その話題の周辺の問題をたくさん解かせることが，生徒だけでなく（自分で解説動画を作ってみれば，生徒がいかに苦行を強いられているのかわかる），教員にも大きな負担となるので，必然的に，教員は，生

徒にいま問うのにふさわしい（＝理論的に大切な）問題を厳選するようになった。

　オンライン授業の「便利さ」と「不便さ」のダブル効果で，数学の学びが洗練されたことが，何よりも大きな成果となった。

4.2　「ゆっくり理解する」ことが認められるようになる

　従来型の授業では，時間制限があるため，どうしても「ゆっくり深く理解したい生徒」が「素早く浅く理解する生徒」に対して必要のない「劣等感」を感じて前向きに勉強と向き合えない場面が少なからずあったが，オンライン授業では，お互いの顔を見ることがなく（他の人の成果がわからない），しかも，いつでも何度でも音声講義や授業動画を視聴できたり，「質問」に答えたりすることができるので，自分の理解したいペースに合わせて勉強をすることができるようになったことで，「劣等感」による苦しさからは解放された。

　我々教員も時間制限があると，どうしても，ゆっくり理解したい生徒にわかりやすい説明をしたくなってしまうが，その"サポート"こそが，生徒たちの自学自習を妨げている要因なのではないかと気づかされた。

　一方で，音声講義・授業動画というコンテンツのおかげで，余力のある生徒が自分の好きなように数学を学べるようになったことも大きな成果である。我々の設定する一応の進度よりもずっと先まで自学する生徒がこれまでとは比較にならないほど増えたことがやりとりやアンケートの結果からわかり，従来より多くの生徒が自分の理解に誠実に向き合えるようになっていることがうかがえる。

4.3　常に自分にとって未知の問題と向き合うこと＝予習をすることが当たり前になる

　現在，世の中にはさまざまな分野に関する how to 本が溢れており，何に関してもわかりやすい解説にアクセスできてしまう。数学においても例外でなく，その本質をわかっていなくても見かけ上問題が解けてしまうような，ad hoc な手法を簡単にマスターできるようなコンテンツが好まれる傾向にある。学校においても，生徒たちは「わかりやすい授業」をする先生を好み，教師たちは「いかにわかりやすく教えるか」にこだわる傾向がある。

　数学を生徒の何倍も長く勉強している教師にとってみれば，数学を深く理解しようとしなくても，教科書の例題の解法をそれらしく解説し，本質的に同じような構造の問題を何度も解かせることで，わかった気にさせるのは簡単であるし，それで満足して帰っていく生徒は大勢いるので，それ以上の研究をする必要性を感じることはない。そのような教員に教わった生徒は，他の問題でも簡単に解ける

わかりやすい解法が存在するに違いないと思い，自分で新しい問題を考えることはしなくなる。そういう安直な学習経験しかもたない生徒たちに対して，自分にとって程よくむずかしいが挑戦しがいのある難問（概念理解でも良い）をじっくりと考え抜いて取り組む姿勢を身に付けてもらうことは，従来型の授業では，容易ではなかった。

　一方で，先にも述べたように，生徒たちが教科書を用いて予習をすることが困難であったのも，「教科書＝how to 本」という教員側の誤解や生徒の "忙しさ" だけによるものではなくて，本質的には「自分にとって未知のものをじっくりと時間をかけて考えること」を，数学を通じて経験してこなかったからに他ならない。いくら我々がストーリー性のある授業を展開したり，生徒の興味を刺激する授業を行ったりしても，教員による教育的配慮という補助輪を外されたときに難解な概念や問題を自分一人で孤独に考え，自分なりの結論を導き出すような経験をしなければ，本当の意味で「自ら学び，自ら習う」という態度は養われることはないと気づかされた。

　本節第1項で述べたように，生徒も教員も学習に向き合うしかない状況になり，もしかすると，生徒たちも初めて「孤独な学び」を経験することができ，そのために，自分にとってむずかしいものを考えることの辛さ，そこから得られる楽しさを経験できたのかもしれない。深い質問が増えたことや，こちらが設定した進度に合わせずに勉強を続けられたことが，その事実を物語っている。世間では，オンライン授業における生徒たちの学習に対するモチベーションの維持について心配する声が多かったようだが，少なくとも我々が観察する限りでは，生徒たちの多くは，むしろモチベーションを高く保って学習に向かっていた。教員がサポートすればするほど生徒たちは教員に依存し，自らの意志で学びと向き合わなくなり，教員が情報を制限すればするほど，生徒たちは自主的に学びと向き合おうとするという，よく考えてみれば当たり前の理に，教員だけでなく生徒たちも気づけたことは大きなパラダイム・シフトが起きたといってもいいだろう。

　オンライン授業が終了し，通常授業に戻った現在でも，予習することを継続し，教員を過度に頼らずに学ぼうとする生徒たちが多くいることが，何よりも大きな成果であったことを最後に述べ，この節を閉じたい。

5.　このような成果を生んだ決定的な理由とは

　本校の ICT 環境や各家庭のネット環境の充実度の高さや，授業以外の諸活動がすべて停止したために学習に割く時間が多く生まれたことなど，いわば "ハード的な" 理由は確かに多くを占めるかもしれないが，オンラインという情報公開性と時間の無制約性によって，数学において本当に大切なことだけをじっくりと考えられるコンテンツを作り上げることができたという，いわば "ソフト的な" 理由も大きい。生徒と対面で関わることになると，どうしても「情報伝達方法の豊かさ」に逃げがちになってしまうが，対面授業よりも open でありながら，より制約が厳しくなるオンライン授業を通じて，教員は情報を整理し，理論的になるように努めるようになり，生徒も得られる情報を自ら整理し，自らの頭でわからないことを解決するように努めるようになる。長岡先生は，ご著書である『長岡の教科書』の音声講義の魅力に関して，

> 普通は「"文章" → "音" → "音 + 映像" と，情報量（bite 数）が巨大化するほど，心に情報が豊かに伝わる」と考えてしまうところであるが，伝達される情報量が貧しいほど，自分自身の心の中で想像・思考して補う必要があるため，結果的には，伝達される情報量が豊かなときよりも，心に情報が豊かに伝わる

という「情報伝達のパラドックス」について述べられている。オンライン上での授業という，一見すると（日本においては）最先端であるかのようなシステムの中にある，何でも情報にアクセスできるこの高度情報化社会の流れに逆行した《情報制約性》が，奇しくも，高い成果を生んだのではないだろうか。

[文責：新妻 翔]

オンライン授業期間での成果を「正常化後」に維持し充実させるための戦略

1.　オンライン授業での「成果」とは何か

　磯山氏，新妻氏がそれぞれの論稿の中で「従来型の授業において自学を促すこ

との困難」,「オンライン授業によって得られた成果とその分析」を述べてくれた。2人の指摘にもみられるように, 今回, 我々が得られた「成果」を一言でまとめれば,

学びとは「自学自習」がすべてである

という, 従来型の授業の中で教員である我々がつい意識が薄れてしまっていた, したがって生徒もその意識が薄くなっていた「**数学の学びにおける基本**」を, 改めて深く認識できたことである。さらに,

> なぜ, オンライン授業以前と以後で, 自学自習の重要性の理解が変化したのか?

という問いについて, 新妻氏と磯山氏の分析を要約する形で述べれば,

> コロナ禍以前の従来型の授業においては, 新妻氏が指摘している「"良い教員の良い授業" へ学習依存する環境」を生徒たちの間に作ってしまっていたことに加え, 我々も「学習依存している生徒たち」に指導依存し, 結果的には教科書やテキストに書かれていることを「教員は教えたつもり=生徒はわかったつもり」で授業展開をしてしまっていたため,「自学自習(=授業で理解したことを, 自分の勉強を通じて, 内面化する)」という概念を意識すること自体が困難であった。しかし, コロナ禍後のオンライン授業という形式では,「依存環境」にお互いに甘えられないため, 我々も生徒も「自学自習を前提とする学び」へと強制的に向き合うこととなり, はじめは戸惑いながらも, その経験を通じて,「自学自習を前提とした学び」における「準備教材(教員目線)」「理解(生徒目線)」の深みや厚みに, いいかえれば, コロナ禍前までの学びによるそれらの浅さ・薄さに気がついたからである。

とくに, 準備教材に関しては, 我々の手を離れてもなお自学自習に耐えうるようなものにするために, 自ずと磯山氏が主張する「授業で扱う数学のストーリー性/思想的側面/意義」にふみこんだものにする必要があった。

ここまでを読むと,「クラスメイトが集まって一斉に同じ場所で授業を受ける従来型の授業には何のメリットもない」と主張しているように誤解されてしまうかもしれないが, 我々は決してそのようには考えてはいないということを断っておきたい。従来型の授業では,

> 生徒と双方向のやりとりをしながら, 生徒たちのもつ疑問や意見をクラス

で共有し，予想外（あるいは予想内）の方向に議論を深められる

という大きなメリットがある。このような「良い意味での LIVE 感のある授業」
は，規模や通信速度などさまざまな問題から，まだまだオンラインではスムーズ
な実現はむずかしいということも，この期間の経験で学ぶことができた。我々が
コロナ禍前における従来型の授業において大きく反省すべき点は，「双方向のやり
とりができる」という点を「安直な方向」に活かしてしまい，

生徒たちの気づきを十分に待つことができなかった

ということにある。そのような「待ち」の意識がまったくなかったとまではいわ
ないが，「待つことが最も大切である」という視座までは持ち合わせていなかっ
た。数学教育とは異なる世界ではあるが，将棋界において前人未踏の永世 7 冠獲
得を成し遂げた羽生善治氏は，将棋の指導に関して，次のような言葉を残されて
いる。

指導の基本は，本人が気づくための時期を待つ

おそらく「一手に気づけるかどうか？」が勝負の分かれ目となる将棋や囲碁の世
界では，このように「気づきを待つ」ことは基本中の基本としてふまえられてい
て，誤解をおそれずいえば，「気づきを待たずに正解の一手を教えてしまうことに
は何の意味もない」ことは，指導の中で常識となっているのだろう。私自身も小
学生のころに将棋好きの祖父に「指導対局」をしてもらった経験があり，私の敗
北という結果で勝負がついた後に，勝負の分かれ目となった「致命的なミスの一
手」の状況まで戻して，「どう指すべきだったか，もう一度考えてみなさい」とい
われ，別な手を指すと，また新たな返し手で潰され，さらにまた別な手を指すと，
また新たな手を返されて形勢が悪くなり，……という試行錯誤を経て，ようやく
「上手い一手」に気づいた（正確には，気がつかされた）経験がある。

　そして，このような「気づきを待つ」ことの重要性は，教育の世界でも同様で
ある。それは先ほどまで述べた「自学自習を前提するかしないかによって，理解
の深みや厚みが決定的に違ってくる」という新妻氏の実践報告の内容に加え，何
より決定的なのは，

　　我々の最終目標は「生徒たちを一人立ちさせること」にあるが，今回のコ
　　ロナ禍を通じて，我々はいつまでも生徒たちの傍によりそっていられるわけ
　　ではない

という教訓を得られたことにある。それを考えれば，我々が数学教員として生徒たちに残すべきは，巷の参考書や問題集で展開されているようなパターン暗記的な似非数学でないことはもちろん，それらとは一線を画すような本格的な数学の知識でもなく，「待ち」による「自ら学び自ら習う精神」であることは，いまとなっては自明の事実である。

　「待つ」という行為は，学校や塾のような教育現場においては，「単なる怠慢」に映ってしまいがちであるが，ここでいう「待つ」とは，そのような「傍観者的にボーッとしている」ことを意味するのではなく，将棋や囲碁における指導対局や検討のように，

　　　「何」に気づいてほしいかが明確であって，さらに，その「気づき」をひき
　　　だすために，あらゆる「姿勢」に変えながら，いろいろと試行錯誤しながら
　　　辛抱して待つことを意味する。

我々がそのような「気づきを待つ」重要性を忘れないためには，まずは我々自身が日頃から数学における「気づきの経験」から遠ざからないこと，具体的にいえば，我々自身がつねに数学の勉強に向き合い，新しい数学を学ぶ苦しみや楽しさを経験し続けていることが重要であろう。

　以上に述べたような「成果」を学校再開後も持続的に活かすためにも，我々は「従来型の授業をどのように変えなければならないか？」，その具体策を考えなければならない。

　もちろん，そのような授業改革にともなって，一部の生徒たちからは，自学自習に不慣れなこともあって，「従来の依存型の学習環境」を望む声や，教材の中身の充実によって「そのむずかしさを訴える」声なども出てくることだろう[1]。しかし，「教育において，自学自習と気づきの待ちが最重要である」という立場からすれば，そのような事態に右往左往する必要はない。それぞれの生徒たちにとっては，「正解までたどり着かなくとも，とことん考え抜いて，むずかしいことをむずかしいと認識する」ことも，「たとえ自学自習ができなくとも，自学自習が未だ十分にできない自分自身の現在地を認識する」ことも，大きな前進である。我々が力を注ぐべきは，生徒たちや保護者の表面的なニーズにこたえることなどではなく，彼ら／彼女らの「気づき」を引き出すために，いかに働きかけられるか（＝試

---

[1]　しかし，我々のみる限りは，そのような要望を出す生徒たちは決して多数でない。

行錯誤し，姿勢を変えながら待てるか）にある。

2. 「オンライン授業での成果」の持続に向けての過去の分析と反省

2.1 「気づきを待つ」ような授業展開を阻むもの

前節で述べたように，「自学自習」という成果を持続させるために，

　　生徒たち自身の気づきを待てるような授業展開を目指す

という基本方針のもとで，授業のあり方を見直していきたいわけであるが，そのためには，「なぜ，気づきを待つような授業展開をこれまで我々は進めてこれなかったのか？」，いいかえれば，

　　「生徒たちの気づきを待つ」以上に我々が優先してきたものとは何か？

という問題を考える必要がある。しかし，過去の自分たちを省みれば，この問題に対する我々の答えは即座に出すことができる。それは

　　学習指導要領や年間カリキュラムの進度を気にすると，全員の理解を待ちながら授業展開することはできない。　……(∗)

という，いわゆる「学習進度への意識」である。コロナ禍以前の授業展開において，我々も（したがって生徒も）自学自習の意識が薄れてしまった原因は，まさに，この学習進度問題を最優先事項においていたことにある。そして，そもそも，

　　高校受験もない6年一貫教育という時間的な余裕のある中で，なぜ，それほど学習進度に追われなければいけないのか？

というと，その根っこには，本校も含めた多くの6年一貫校が，大学受験のために「先取りカリキュラム」を採用していることにある。その「先取りカリキュラム」とは，簡単にいえば，約5年間で中学数学から高校数学の内容をすべて学習し終えて，残りの1年間は受験問題集の演習にあてようという方針である。しかし，カリキュラムを設定する前に，そもそも

　　ラスト1年間に演習の余裕を残すこと，そのために，中1から高2までの5年間を急ぎに急ぐことが，大学受験（とくに「東大や京大や名門医学部」をはじめとする世間からの関心の強い難関校の受験）のための数学の勉強として，本当に有効なのかどうか？　「自らの気づきや自学」で1つ1つ数学の深い理解を築き上げていては，本当に受験に間に合わないのか？

という大前提となる問題を吟味する必要がある。この問題提起に関して，1 人の現場教員として自身の主張を展開したいところではあるが，この議論の展開については，本書の p.146 の「自学と大学受験対策」を参照していただきたい。

その代わり私は，オンラインでの経験をふまえて，少し別の観点から「学習進度問題」についての主張を展開したい。(∗) という過去の我々の主張は，そもそも

> 「学習進度への意識」と「生徒たちの気づきを待つ」という 2 つが両立不可能な，いわば「逆ベクトルの関係」にある

という認識に基づいたものであるが，じつはそれ自体が，

> 我々の力で，授業内に生徒たちに完全な気づきや理解をさせなければならない

という，良くいえば「懇切丁寧な指導をしなければいけない一種の使命感」，悪くいえば（過去の自分たちに対しての戒めも込めて厳しくいえば），「生徒たちの理解の進度や深度の違いをふまえずに，自分の力だけでどうにかできると思っている学理に対する傲慢さ」とも呼ぶべき前提が出発点になっていることを指摘しなければならない。次もまた学習における「自明」な真理かもしれないが，

> 学習する人によって理解の「早さ・遅さ」「深さ・浅さ」に違いがあるのは当然のことで，授業という限られた時間の中で，そのギャップを無理に埋めようとすることは，結果的には，各人の「より深い理解」を二の次にして，「早い定着が何よりも大切」という思いに基づく努力で満足しているだけである[2]。

目指すべきは，「早さや遅さ」以上に，「深い理解を目指す」ことを大切にする授業である。そのためにも生徒たちの気づきを待たなければならない。そこで，オンラインでの経験を活かして，我々にまずできることは，

> 授業外においても，生徒たちが「気づける」ような環境をより一層充実させる

ことである。これに「情報公開性」という観点を加えて，成果を持続させるため

---

2) この手の「素早い情報伝達による数学の指導は，受験指導のため！ 進学校であるからには有名大学への実績を残さなければいけない！」と主張する声もしばしば聞こえるが，いかに優れた進学校であろうとも，指導した生徒全員を希望校に進学させている例は知らない。「進学実績が最優先」というのであれば，このような「理想の結果」が出ていないということを真摯に受けとめて，「素早い情報伝達」による授業を根本的に見直すという発想をすべきではないだろうか。

の戦略を述べたいと思う。

3.　オンライン授業期間での成果を「正常化後」に維持し充実させる戦略

3.1　いつでもどこでも授業が視聴できる環境をつくる

まだ授業改革と呼べるほどの大きな動きではないが，

> 授業後（あるいは授業前）でも「いつでも授業が見直せる環境」を整えることによって，授業内では「気づくことができなかった」「理解することができなかった」生徒に対して，その機会を増やすという試みをしている。新妻氏の学年では，自分自身の予習に利用するように授業動画を公開している。

我々が少しばかりこだわっているのは，たとえ『長岡の教科書』のような音声講義付きのテキストがあったとしても，「あくまで我々自身が作成した授業動画や解説動画」を公開しているという点である。どんな教材を利用したとしても，実際に教員が授業内で展開する話は，教材のそれとは完全には一致しない。

> 我々は，教科書や音声講義の内容を，生徒たちに向けて，自分自身の数学の言葉で翻訳しているのである。

その内容が，授業内ですべて理解できなくとも，あとからでも何度でも視聴できる環境を整えることは，「オンライン授業」での経験を基にすればそれほどむずかしくはない。授業動画を作成しているおかげもあって，我々も生徒も，いままでのように授業1コマ50分の中で思想的な側面から技術的な詳細までを完全に「教えよう／理解しよう」と気負うことなく，授業内で双方向のやりとりをしながら，「生徒たちの気づきを待つべきポイント」で十分に時間を確保した授業展開が可能になった。

このような実践に対して，「あとで聞き返せるから，生徒たちが授業を聞かなくなってしまうのでは？」という心配の声も予想される。しかし，「オンライン授業」を通じて，より明確に理解できたことであるが，いわゆる，直接顔を合わせた「LIVE授業」のメリットは，「生徒たちとの双方向のやりとり」を通じて，議論を深めたり，友人から友人へと理解が伝播したり，教員の想定外の質問や疑問を通じて，数学がより深められるという点である。

このメリットを十分に理解した上で，その実践ができていれば（あるいは，目指していれば），生徒たちが「いつでも解説動画が視聴できるから，LIVE授業を

聞く必要はない」と心配する必要はまったくない。

3.2　茗溪学園の OCW (Open Course Ware) 構想（＝妄想）

　上で述べた「いつでも授業が見直せる環境」とは，別な視点からみれば，「自分の授業を学内に **open にする**」ということでもある。学内だけでなく，学外にも授業や講義を無料で Open にする「Open Course Ware（OCW）」と呼ばれる流れは，大学教育を中心に世界でも（そして，いまや日本でも）「当たり前」になりつつあるが，私の知るかぎりでは，2001 年に MIT（マサチューセッツ工科大学）がその構想を公にしたのがそのはじまりである。立ち上げから約 20 年たったいま，2400 科目を超える MIT のコースがオンライン上で，無料で教材やテスト，さらには講義動画を公開している。MIT の OCW 構想がどのようなプロセスを辿ってスタートするに至ったかという経緯や背景については，詳しくは宮川繁「オープン・コース・ウェアの現状と展望」（「情報処理」Vol.49, No.9, Sep.2008）などを参照していただきたいのであるが，その内容を要約すると，

　　もともとは 2000 年当時，ネット関連ベンチャー企業が数多く設立され，多くの大学が e ラーニングを主とするドットコムを開設していたことから，MIT もそのような流れにのる形で e ラーニング企画の「MIT.com」を考えていた。しかし，このドットコム構想は「コストと収入面の採算が合わない」ことと「ニーズの問題」から白紙になったのであるが，そのときすでに，講義の質を高めるために自身の授業用教材などを Web 上で公開している教員が少なからずいたことなどをきっかけに，「無償でオープンな形で提供すれば，世界中の人々が自由に MIT の教材で学ぶことができるではないか」という構想に至った。

ということである。予備校や塾において「有名講師の映像授業」や「独自教材」がビジネスとして大きなマーケットとなっている日本の中等教育界からみると，この OCW の思想は文字通り「想像もつかない」ものであろうが，MIT の OCW 委員会は当時の学内で教員と学生を対象に以下のような説明をしている。

　　説明会で特に力説したのは，OCW で提供される内容がそのまま MIT の教育になるわけではないという点であった。つまり，本来の MIT の教育とは，キャンパスの中で対等の学力をもつ学生たちと肩を並べて勉強し，一緒に寮生活を送り，そして授業内外で教師たちとのコミュニケーションを深めてい

く中から学ばれるものだが，OCW が目指すのは，そのような MIT の教育
活動の一部にあたる教材を無償で提供することで，さらに別の側面から MIT
の教育活動を支援しようというものだと重ねて説明したのである。当初は少
なからぬ誤解もあったが，説明会を重ねる中で徐々に理解が深まっていった。
また，OCW への参加はまったくのボランティアとして行われるものである
ことも明確に伝えておいた。(宮川繁「オープン・コース・ウェアの現状と展
望」(「情報処理」Vol.49, No.9, Sep.2008）から引用)

引用文の中で登場した「別の側面からの MIT の教育活動の支援」とは，おそら
く，MIT の教育を広く外に発信することで，より多くの人々が，その中身に興味
関心を示し，優秀な学生や研究支援の獲得につながるということであろう。「目先
の利益だけにとらわれず，大局をみすえる」姿勢は，狙いとするものは多少違えど
も，我々のコロナ禍での教育経験で得た教訓に通じるものがあり，何よりも，約
20 年越しではあるものの，「学校における本来の教育」について我々はようやく
MIT と同様の理解を得ることができたのである。

　いまはまだ我々を含め少数の人たちだけが実践している小さな試みかもしれな
いが，私は MIT の OCW と同様に，茗溪学園におけるすべてのコースを学外へと
Open にするような大きな動きへと発展させていたきいと考えている。もちろん，
その実現には多くの困難があるのは十分に承知している。しかし，MIT の OCW
構想のスタート時において，

　　　教員に決して強制はせず，ボランティアの形式で OCW への参加を募った
　　こと，

さらには，もともとは OCW 構想がはじまる前から，

　　　自分たち自身の講義内容や授業の質を向上させるために教材を Open にし
　　ていた教員が存在したこと

を心に留めて，まずは我々が「自分たちの授業動画や教材をはじめとするコース
を Open にし続けること」が大きな流れを生むための必要条件である。「学外にす
べての授業を Open にする」という大きな構想に向けて，まずは「学内において
すべての授業を Open にする」ことを目標として，この「小さな試み」を持続さ
せていきたい。

[文責：谷田部篤雄]

なぜ
「TECUM＋茗溪学園 ジョイント・プロジェクト」
だったのか

　私が代表を務めている NPO 法人 TECUM の活動を熱心に支えてきた，研究熱心なほぼ同年代の若いメンバー 3 人の数学教諭が，1 つの学校に集まっていたことの好運についてはすでに触れたので，ここでは省く。かわりに，

　　「一般には偶然の重なりと映ることは，隠された必然であることが多い」

という重い言葉の意味を噛みしめる経験を読者と共有したいと願って，これを書く。

　なんと 3 人の教諭の 2 人は，筑波から遠くない静かな町の同年代の男子として幼少期からの親友であり，茨城の名門高校で再会し，ともにサッカーの部活動に「専念」する時期を過ごし，卒業後は，2 人とも理学系の数学科に進学するほど，高尚で深遠な学理への憧憬（しょうけい）を共有し，入学後も大学の壁を超えて数学的な交流を築き続けてきた仲間である。

　そして，また別の 2 人は，学年のわずかな違いはあるものの，1 学年の学生数が数万人もいるメガ・ユニバーシティの中で，定員わずか 40 数名程度の小さな数学科に進み，その学生に対して提供される 10 個を遥かに超える数の研究室の中から同じ研究室を選び，一緒のゼミの時間はもちろん，ゼミを超えて数学を中心として相談，アドバイス，共同の思索を進めてきた仲間である。

　このような奇跡的なつながりのある仲間が同じ学校の数学教諭になったのは，単なる好運な偶然であろうか。

　そして，その 3 人が，全国の私立校で疑われることもなく実践されている検定教科書の「先取り学習」というスタイルを脱して，大学入学後にも通用する真の学問力の育成のための新教育プログラムをいろいろと模索している，まさにそのときに，何という偶然か，現代の医療の常識も，最先端の医学研究の知見も通用しない「新型コロナ・ウィルス感染症」（COVID-19）の流行が世界を襲い，多数

の人間が集う活動は企業から学校に至るまで「自粛」を要請されることになった。企業では一昔前に流行した telework という言葉がわが国でははじめて現実化したが，何から何まで未経験の学校の現場の多くが，果てしない議論と混乱に振り回されることになったことは想像に難くない。しかし，3人は，従来の常識が通用しなくなったこの機会を新しい教育スタイルへの変革の好機と捉えたのであった。これも偶然であろうか。

　このように若手から改革への意志が表明されること自身は決して稀ではないが，多くの場合は，変化の結果に責任を問われることを恐れる管理職・学校経営陣によって，改革の芽が摘まれることが日本では多い。3人にとって好運だったのは，学校経営陣の一翼を担う副校長が彼らの改革を支援してくれたことである。その背景には，副校長が純粋な教育畑出身でなく，「生き馬の目を抜く」としばしば評されるビジネス界の経験をおもちであったことが大きいだろう。良いアイデアを責任をもって実行／決断し，成果を出すことが日常的に問われている厳しいビジネスの世界では，役所や学校にありがちな前例主義や横並び主義は通用しないからである。

　以上のことからだけでも，今回のプロジェクトの奇跡的な始まりの背景にある多くの隠れた要因が存在することが見えてくる。

　しかし，これですませては，まだ分析が足りないと思う。大袈裟にいえば，**一般の人には見えない隠された真実を独創的な方法で見抜くことこそが，科学＝science＝学問の使命**であるからである。私はここで歴史的な視点から考察したい。実際，「過去に目をつぶるものは未来にも目を閉ざすものである」からである。

　まず，茗溪という固有名詞をご存知でない読者のために，私も決して詳しいわけではないが，簡単に説明しておこう。

　わが国には，明治時代以来，主として初等教育の教員養成のための師範学校（尋常師範学校）と区別された，高度な中等教育を視野にいれてそこで指導的な役割を果たすことを期待される特別の教員養成機関として2つの**「高等師範学校」**があった。東京高等師範学校（東京高師）と広島高等師範学校（広島高師）である。その後，さらに深い学問的教養の研鑽のために東京／広島高等師範学校それぞれの上に，2つの**「文理科大学」**という旧制官立大学が設置され，高等師範学校は，その附置機関と位置づけられた。私自身は不明なことに歴史的な経緯は知らないが，敗色濃厚な戦争末期に，高等師範学校は金沢（1944年），岡崎（1945年）にも

設立されている。これらの高等師範の他，東京と奈良に「女子高等師範学校」があった。いずれも卒業生は，教員のエリートとして尊敬を集めていた。

とはいえ，設立当初の明治政府の理念は，上に書いたようには必ずしも鮮明ではなかったようで，日本の高等師範学校は数多くの曲折を経るのであるが，教員としてのエリートを養成する「高等師範学校」という制度は，元々はフランス革命の時代に従来の大学とはまったく異なる機関として創立され，フランスではいまも特権的な高等教育機関として存続しているエコル・ノルマル・シュペリウール École normale Supérieure──一般には「高等師範学校」と訳されているが，教育の制度的な研究も視野において「フランス全土の国家百年の大計」を論ずるエリート官僚・教員・技師の養成を目指して新たに創立された大学校 Grandes Écoles の1つで，フランス語を直訳すれば「最高位規範的大学校」とでもなろう──を模範として，世界中にこのような高等教育機関が設立された動きに，明治政府も倣うことになったのであろう。

ところが，第2次世界大戦，というよりは太平洋戦争といったほうがわかりやすいかもしれないが，ほとんどすべての国民が，絶望的に悲惨な死，想像を絶する究極的な困窮生活を迫られた時期になっても，勝ち目のない戦争を放棄しようとしなかった日本人の国民性について，その起源がとくに明治以来の日本の近代化が封建的な制度の存続にあるという分析から，無条件降伏を通じて日本の民主化政策を指示することになった占領軍＝米軍は，明治以来続く財閥の解体や農地解放といった民主的な改革と並んで，学校制度の民主的改革に熱心であった。日本の近代化のため必須であると考えられたからである。

いまもよく見掛けるが，小学校で教科書に墨塗りをする映像はその荒っぽい最初の一歩である。それ以上に重要だったのは，戦前の軍国主義がさまざまなエリート階層の封建的支配によって支えられてきたという分析に基づき，戦前の教育におけるすべてのエリート主義，それを支えてきた下部構造としての学校間格差の解消を目指す全体的な徹底した改革であった。この改革以前の学校を旧制，以後の学校を新制と呼ぶ。

この改革の詳細は省いて，その概略を大雑把に述べるならば，新制の中学校は，すべて義務教育となって全国的な水平化が行われた。旧制の中学校の多くは，高等学校へと昇格され，旧制の官立／私立の高等学校と通常の師範学校，そして数多くの専門学校（工専，農専，医専，法専，商専，青専，…）は新制大学へと再編・統合・昇格された。

　昇格された高等学校との統合を通じて実質的な降格処分を受けたのは旧制大学である。典型的なのは，第一高等学校と統合されて新制東京大学になった旧制東京帝国大学である。学制改革のトップを任じられたのは，当時の東京帝国大学総長南原繁先生であるが，東京帝国大学の関係者の中にはこの統合に断固反対した人も少なくなかったと聞く。

　しかし，このような昇格／降格による民主化以上に重要だったのは，従来の大学と専門学校の間にあった決定的な格差の解消である。典型的なのは，医療をめぐる学理的研究を目す大学医学部と，病人と接しその治療にあたる臨床医の実践的な訓練を目的とする医専との区別がなくなったことである。

　占領軍の総司令部である GHQ 主導の学制改革は，このように徹底して日本の「民主化」＝水平化を目指すものであった。そしてこの水平化の改革は当然のことながら，高等師範学校にも向けられた。

　東京高等師範は，戦後 1949 年旧制東京文理科大学を改組した新制東京教育大学に一旦は包括されるものの，1952 年に正式に廃止されてしまう。私には，これが戦前の日本の教育に対する「東京裁判」のようなものに似て映る。しかし「東京教育大学」という名前に「教育」がしっかり唱われていたことに象徴されるように，教員養成が大学の存在理由でなくなったわけではなかった。

　もともと東京高等師範学校が御茶の水の川端に立地していたことから，その同窓会は「茗溪会」と名乗っていたが，さらに，東京教育大学が筑波に移転を強いられ，その際，医学部をはじめ，専門の学系，学群が増えたことから，現在の筑波大学では，教育系の占める比率はさらに減少しているが，特に教育系の卒業生の同窓会はいまも茗溪会を名乗っているという。

　高等師範学校の軍国主義教育への関わりの評価は厳正であるべきであるから，決してたやすい問題ではないが，東京高等師範学校の卒業生組織である茗溪会のメンバーが，学理への造詣と教育への使命感をもって，日本の中等教育に対して果たしてきた指導的な役割の大きさについて，これまでタブー視されてか，あまり触れられることのなかった重要な論点に言及しておきたい。

　戦争時に膨大な数の有為な若者を失い，荒廃しきった焦土から日本の奇跡の大復興が実現したのは，当然のことながら，それを担った指導的な人材が存在していたからである。1964 年に東京で開催された第 18 回夏季オリンピックは，この奇跡の大復興を象徴するイベントとして語られることが多いが，1945 年の敗戦から 20 年弱である。1949 年に発足する新制大学（昇格が待ち切れない一部の私立

大学は 1948 年に発足しているらしい）の標準的な第一期卒業生は，社会人になってようやく 10 年という，若手見習いをやっと修了したという段階であったであろう。それより年配の指導的な功労者たちは，戦前の「旧制中学」「旧制高校」「旧制大学」の卒業生たちであったことを忘れてはならない。

　ということは，戦後日本の大躍進の真の立役者は，かつての日本の学校制度のもとで育てられた人々であり，全国各地に，そういう立派な人材を育成する学校と教員が，信じられないほど貧しい環境にありながら存在していたことの何よりの証明ではないだろうか。

　そしてそのような教員に対して，その鏡となる存在として，茗溪会のメンバーがその学識を通じて尊敬を受けていたに違いないと思うのである。なぜならば，教師は一旦教室という密閉空間に入ればあとは何をしても外には見えない「子ども相手の仕事」であるから，生徒を自分以上の人間に育て上げるという教員の使命を忘れ，怠惰な日常の反復を肯定するという堕落の誘惑は限りないはずであり，その誘惑を絶つのはひたすら自分と同じ活動に精進する他者への尊敬以外にはありえないと思うからである。

　以上は，歴史とはいえ，現存するかもしれない歴史的資料，とくに，混乱期を乗り切る際に交わされたであろう膨大な数の議事録，また零細レベルから，小，中，大，巨大と成長していった経済活動を表す数値的資料，さらに各界のリーダー，準リーダーの学歴，出自などの社会資料に基づく「実証性」に欠けている。しかし，数学ではそのようなつまらない「実証性」よりも真実へとたちどころに導く《証明の明証性》を大切にしている。その意味で，以上の歴史的証明は，歴史学的証明ではなく，数学的な証明であることを断っておこう。

　茗溪学園が，その茗溪会が設立した学校であることを，私は編集者の亀井哲治郎氏から聞いてはじめて知った（亀井氏は茗溪会員ではないが，東京教育大学理学部数学科のご出身である）。その通りであるなら，今回の茗溪学園の，いま動きはじめている教育改革は，まさに東京高等師範学校の古き良き伝統の復活の狼煙であると思う。そうであってほしいし，またそうでなくてはならないと希う。

　実際，戦後 75 年を経て，いまでは戦後に教育を受けた世代ばかりが教員の座を占めるようになった。この間のさまざまな政治的／社会的混乱から，とくに戦前を少しでも知る世代が現場から消えたこの 30 年ほどは，日本の教育界は，きれいごとレベルの理想や理念を掲げる「行政」と，学問や芸術の高みと学校教育の現実とを切り離して考える根拠なき現実主義の「現場」との奇妙な調和，いいかえ

れば，タテマエとホンネの奇妙な共存の結果，数学教育に関しては 徒 らに混迷を
深め，いまや数学は，「できない生徒」だけでなく教員の間ですら暗記科目と思わ
れている，という状況まで現出している。

　数学教育におけるこのような安易な流れは数学以外の教科にも伝染し，いまや
日本の学校全体で，愚劣な「唯一正解主義」または「マニュアル主義」と，強い権
威へのへつらいに徹する「三無主義」——すなわち無関心・無教養・無思想——が
蔓延しつつある。そして，その究極の原因が学理への憧憬を忘れた「教育の専門
家」にあることは自明である。

　この社会的趨勢を一気に逆転することは不可能であるが，しかし，誰もがおか
しいと感ずるこの現実を変革することは，教育の責任であり，茗溪学園が全国に
先駆けてその責任を果たすことは，かつての茗溪会の伝統に恥じない，21 世紀社
会の期待に応えることになると信じる。

　歴史は，書き換えることはできない。しかし学ぶことはできる。

第3部
《自学》のために

数学についての大きな誤解

　数学という教科あるいは学問の面白さは，どこにあるのでしょうか。

　一般の人々の中には，「自分は数学が苦手だ」という人が少なくありません。「数学は計算で答えが1つしか出ない。なんだか冷たい世界だ」と，そんな風に思い込んでいらっしゃる方が少なくないのではないかと思います。

　実際，私もそのように思っていた時期があることを告白しなければなりません。他の科目の試験のように，いくつかの解答の選択肢があって，その中でどうも2つくらいは正解のように思える。でも，先生が示す正解はそのうちの1つだけで，他の1つは絶対間違いであると断定される。たしかに先生のおっしゃることもわからないわけではないけれども，しかし私としてはもう1つのほうにも言い分があるのではないか。そんな風に思っていました。正解が1つだという考え方は，よほど厳密な論拠を示さない限り，良くないと思ったものでした。

　皆さんの多くは，そのような択一式の試験に子どものころから慣れておられるでしょうか。そういうものが試験だと思っておられるかもしれません。英語ではそれを test といい，examination とはいいません。examine とは，丹念によく吟味することであって，試験ではその人のもっている実力によってしっかりと吟味する，そういうことが要請されるのです。数学で試されるのは test の成績ではなく，本来は examination の成績であるべきだということですね。よくよく考えられた結果としての答案がどのようなアイディアに基づいているのか，どのような試行錯誤の結果であるのかを丹念に判読する。そういうことを通して初めて答案のもっている数学的な意味，その答案を書いた人の数学的な思考力の深さ，そういうことがわかるわけです。

　数学という科目の重要な特徴は，答えを出すあるいは正解を出すことではなくて，より良い正解を出す，より深い正解にたどり着くことです。○か×という単

純な解答ではない。数学の解答は，大げさにいえば無限の多様性に富んでいて，その無限の多様性の中で，成績判定する場合にも，相対的に評価される。これとこれを比べると，こちらのほうがこれこれの点で優れている。しかしこの点では少し限界がある。反対に，あの答案はこの点で優れているように見えるけれども，じつは別のこの点に大きな欠点を内包させているので，この少年がこのまま進んでいくと，いまは良いとしても，大人になったときに大失敗を犯すに違いない。──たとえばそんな風に考えたりするわけです。

　ですから，いま現実に皆さんが多く受けている数学の試験は，まあせいぜい test のレベルだということです。

　記述式の試験というのがあります。私見ですが，本格的に記述式というならば，むかしから中国や韓国で行われた科挙試験のように，一週間くらいかけてじっくり考えて書いた答案に対して初めて試験といえるものになるわけで，1～2 時間程度の短い時間で作った解答などは，テスト＋αの域でしかありません。

　しかし，テスト＋αのレベルであっても，記述式の解答にはやはり記述式ならではの良さがあります。たとえ短いとはいえども，その人の作文力とか，論理的な構想力，問題の解決能力とか，さらには人間の基本的な知的な力である想像力・イマジネーションの力，物事の全体を見渡し，頭の中でストーリーを組み立てる力などなど──これは文学の世界でいえば文章力とか脚本能力といった言い方になるかもしれませんが，まさに長い文章を作る，あるいは短いエッセイを書く，時には俳句・五七五のような短い言葉に凝縮する，そういったさまざまな要素が数学の解答の中にはすべて盛り込まれているのです。

　これが数学の面白さで，学年が進行して数学が複雑化すればするほど，数学的な構想力，数学的な思考力，その深さ・浅さが問われるようになります。単に問題を解くとか解法を憶えて再現する，ということとは違う，むしろ正反対のことです。

　皆さんは小学校のころから「数学は問題の解き方を憶えればいい！」と指導され，そのようにすれば実際にある程度良い点数が取れて先生にもご両親にも褒められる，という経験をしてこられたかもしれません。しかし私にいわせれば，それは数学ではない！　もっと正確にいえば，数学もどき，数学ごっこというか，その人たちがやっていることは，数学の近くにあるものの，数学とは遠くかけ離れているのです。

　似ていながら実は非なるものを「似而非」といいます。似而非数学というと表

現がちょっと激しすぎるようですが，数学もどきの偽物であっても，一応勉強したことにはなる。とくに小学校の低学年のときなどは，こういうような学習段階があります。計算ドリルに毎日取り組むというような勉強は，決して数学でもなんでもないんですけれども，のちに本格的に数学を勉強するために計算ドリルができないと困ることがあるから，計算力を鍛えておこうということでしょうか。

　小学校高学年になると，文章題というのか応用問題というのか，むずかしい問題が出てきますね。小学校のときには，もっている手段がすごく少ないので，逆にそういうむずかしい問題と格闘して頭を使うのも楽しくないわけではない。

　しかし，そういう問題も，中学数学で学ぶ方程式の立場に立てば，じつにつまらないことに時間と努力をつぎこんでいることがわかります。

　限られた知識と少ない技法でもって複雑な問題を解くことは，いってみれば，1つの手品のような，テクニックの面白さであって，本当の力ではない。せいぜいショウです。たとえば手足を全部縛られて，袋詰めされた状況から，短い時間の間にそこから脱出するショウがよくあります。手品としての見事さはあるとは思いますが，それは学問とは違う。

　数学の問題を解くということは，これはなかなか多くの人にわかってもらえないんですけど，数学がわかっていれば試験に出題される問題は解けるに決まっている。しかし，その解き方がなかなかわからないので，問題を解くためには問題の解き方を知っていればいいと，多くの人が誤解してしまうのです。これははなはだしい誤解です。

　問題を解くためには問題の解き方がわかっていればいいのは確かです。しかし，数学には問題が無限にありますから，無限に多様なありとあらゆる問題を解くことなんてできるはずがない。多くの「受験秀才」といわれる人たちが結局のところ受験勉強で自分の学習経験を終えてしまうのは，受動的に問題を解くという経験でしか学問と触れ合っていないということが，ネガティヴに作用している結果ではないかと思います。

　問題を解くことは問題が理解できたことの結果である。問題を解けるようになることは数学がわかってきたことの結果であって，問題解法自身は数学の勉強の目標ではないということです。ちょっとむずかしいですね。繰り返しますが，問題を解くことが数学の目標じゃないんです。

　では，何が目標でしょうか？　それは，数学がわかることです。数学をより深く理解することです。

　むずかしくて解けそうもなかった問題でも，数学をより深く理解すれば，自然に，しかも容易に解くことができるようになる。しかし，多くの人は，表面的にわかったところ，これからより深く理解する手前のところで，大切な勉強を止めてしまうんです。「本格的なことはいいや。とりあえずここまで憶えておけば，試験はこれで通るから！」と妥協してしまう。

　人生には compromise，折り合いをつける，妥協するということが必要な場面も確かにあります。民主主義社会というのは，多数決で物事を決めるというルールが支配する社会であると誤解されることが多いのですが，大切なことは，決をとる前にいろいろと議論すること。そしてさまざまな立場，異なる考え方があることを理解した上で，compromise，妥協する，折り合いをつけるということを繰り返していく。民主主義社会には，こういう非能率性が宿命的にあるのだと思います。しかし，学問の世界はそうではないのですね。

　ところが，数学でも，「とりあえずここまでわかった」ということを大事にしていけるんです。この段階でまだわからないこともあったら，「ここがわからない」としてペンディング（保留）する，そしてさらに考えて，より深い理解を一歩一歩ずつ獲得していく。それが数学的な理解のスタイルであって，問題が解けたら終わりではない。問題の解き方にも，大げさにいえば無限に多様性があります。よく「これが正解！」とか「正解はこれ」という人がいますが，正解なんてとんでもない。私にいわせれば，正解もレベルに応じて無限にある。「君のも正解だけど，正解の１つでしかない。しかもそれはわりと低いレベルの正解で，もっと深い良い正解がある」とか，「この正解はかなりいい線行ってるけど，まだ，より良い正解がありそう」というふうに，正解にも段階があるんですね。

　いわゆる「正解主義」という似而非思想の根本的な間違いは，答えが１つという多くの人のもつ素朴な信仰に付け込んでいるという点です。人生には正解はない。同じように，数学にも唯一の正解があるわけではないのです。ただし，計算のような機械的な仕事の場合は，もちろん最終結果は１つに決まります。

　数学とか近代科学，とりわけ数学に近い物理学ではそうですが，論理的な演繹性——演繹とはむずかしい言葉ですが——すなわち論理的に導くということです。それに基づいている以上，前提に間違いがなければ結論にも間違いがないことが保証される。そういう意味で最終的な結論で間違えるということはありませんけれども，「ついうっかり，このことを無条件に仮定してしまっていた」と，前提で間違えているということは，数学でも物理でもいくらでもありうる。数学や物理

の歴史は，そういう間違いの発見の歴史だといってもいいくらいです。論理的に完璧だと思われていた古代ギリシャの幾何学も，19世紀になると，じつは論理的にボロボロの体系であったことが判ったのです。幾何学にしてこの有り様ですから，学校数学で「正解」とされているものも，現代数学の規準から見ればほとんどボロボロ，ズタズタの代物です。

　しかしながら，そのように19世紀の現代的な知見を，高校生・中学生の皆さん全員が身につけなければいけないわけではありません。19世紀まではほとんどの人が完璧だと思ってきたわけですから，健全な感覚でそれを完璧だと思ってもかまわないんです。

　しかし，現実の学校数学はそうであったとしても，数学に唯一の正解があるわけではない。このことは，もう一度，強調しておきます。○と×を付けて終わりではない。これが私のこのメッセージの一番のポイントです。

　もう一度，繰り返します。数学には唯一正しい模範解答があって，それを独力で再現することができるかどうか，などが重要ではなく，より深い理解，より本質的な理解への道を究めていくことが大切であり，数学の面白さなんです。

　いいかえるなら，与えられた問題を解くことより，その問題の意味を理解すること，そのことを通じて新しい問題を立てること，そこにこそ数学の問題の醍醐味があるんです。

自学のもつ強大な威力と，
　気をつけたい意外な盲点

1.　数学の場合，学ぶということは

　数学者を含め，どんな人にとっても，数学を勉強するとは，他の人が書いた書籍や論文を読んで，そこに描かれた数学の世界を正確に理解し，深く納得することである。理解するとは，自分の言葉で再現できること，納得するとは，その世界の面白さを自分の言葉で語ることができることである。

　自分で理解できたと思っても，その理解が表層的で不十分であることが少くない。数学ではしばしば「理解が浅い」と形容される。浅い理解は，他者のより深い理解との接触など，さまざまな感動体験を通じて深い理解へと深化する。

　また，理解した世界の面白さを自分の言葉で説明することができたとしても，その説明は不的確で，本質に肉薄していないことも多い。不適切な説明は，数学ではしばしば，「間違っていないけれど自明である」と形容される。自分の説明に比べ，ことがらの自明でない，より深い本質へと迫る説明があるという発見は，他者への説明を介してなされることが多い。

　そのように，自分の理解や説明の不十分さを自覚できるためには，まず最初に，知識の源泉である文書を自ら読んで，理解を求めて努力し，その理解を説明しようとする，自らの努力が必須の前提条件である。数学のように論理的に構成される学問・教科の場合なら，自分でまず数学的書物（高校生以下ならいわゆる教科書が最も初めにくる標準的な書物であろう）を読み，書かれていることを正確に理解し，深く納得できるまで考える，という《自学》がないと，学習が成立しない。授業や講義ノートの復習は，事前の《自学》の前提の上に大きな意味をもつ。

　大学以上の数学では世界的な常識であるこの学習の基本原則が，わが国では多くの学校現場で忘れ去られるようになった。その経緯／原因／理由は複雑で複合

的であるが，一言でいえば，限られた制限時間で入試問題を正しく解けるようになるためには，「出題されそうな問題の解法を事前の勉強で憶えておくことである」という**一種の信仰**が，小学校から高校まですべての学校レベルに普及したことである。これは，《教えられる前にまず自分一人でしっかり考える》という数学の学習の基本を無視し，「数学では，良い先生のうまい講義で重要瀕出問題と解法の憶えるべきパターンとポイントをしっかり教えてもらい，あとは類題の反復でそれをしっかりと整理して記憶に収納する」という「**模範解答唯一主義**」の受動的な**学習姿勢**が定着したためであろう。そして，大変困ったことに，このような「市場の動向」に合わせるかのように，いまや教科書は，学習者が読んで理解できる，あるいは読みごたえのあるものが減少し，**憶えやすく整理された問題集化**している傾向にあるのである。

2. 数学の学習が誤解されることになった根拠

　このように世界的に見ると考えられない日本独自の数学教育の実態，国内でも大学から見ると信じがたい数学観が支配している現在の学校数学の教育状況を招いているのが入試だといわれているが，その常識が正しくないこと，にもかかわらずそれが口実として定着していることの根拠を考えてみよう。

2.1 数学の出題者が考えていること

　いかに飛躍した発想が必要な斬新な問題であっても，「解法を事前に知っていれば，計算さえ正しくやれば解ける」という主張自身はたしかに間違ってはいない。

　しかし，もしそんな平凡な知識だけで解ける問題なら，合否を決める決定的な条件となる入試問題として出題することは，誰が考えても合理的でない。入試は，これから教育するのにふさわしい人物を選別するための作業であるから，解法の知識が多少あるだけで自分自身で考える習慣のない受験生を，合格者として選択するという，不合理な入学試験を実施する学校は，優秀な入学生を十分に集めることができず，よほど経営に困っている場合にしか存在しえないからである。

　そもそも一流の学校の数学の入試問題は，一流の専門家が，期待される水準の入学生なら，試験の制限時間であっても「集中して深く考えれば，易々と／なんとか頑張って，解くことができる」程度に，十分に練られて作成されているのであって，表面的な解法の知識だけでなんとかなるはずがない。

2.2　予備校模擬試験の知られていない危険

　おそらくは，いまはすっかり普及した全国的な模擬試験というサービスが社会的な認知を受けて，近年は，学校がいくつか大手のサービスを巡回的に実施する風潮が「進路指導」の名の下に一般化している。このことが，全国の学校の生徒と教員の過った信念を醸成しているのであろう。しかし，少しでも関わったことがある人には自明なことであるが，この種の商業サービスの模擬試験問題の場合には，「解法の知識の有無だけが問われる問題が出題されやすい」というやむを得ない事情が確かにある。

　それは，商業サービスの場合，受験してくれる生徒／学校の，満足／納得／期待が一番重要なビジネス・ポイントになるので，いまどきの学校を支配する全国的な風潮に迎合するほうに傾きやすい，という《商業的な重力》の他に，数学的な思考力の有無を有効に判定するのにふさわしい問題を作成するには手間と力と予算が必要なので，過去に出題された問題と数値だけを変更して出題するという安直な方法に堕落する《怠惰の重力》が働くという深刻な問題があることである。

2.3　国のやっている大学入試センターですら

　しかしながら，全国規模で学力と無関係に一律に実施すれば，それぞれの学習者のレベルに合った，本当の意味での模擬試験としてふさわしい，一流の学校の入試問題のレベルを維持することなど，できるはずがないことは，数学に携わる者なら誰もが容易に想像できることであろう。にもかかわらず，このような本質的な限界が見えなくなっているのは，わが国の《偏差値信仰》という統計についての無知である。数値データに歪みがあれば，統計処理をした結果にも同じ歪みが残っていることは当然である。悪いのは偏差値という数学的概念ではなく，統計処理される数値データが，もともと何を表現しているか，というデータ収集の心得の不在である。

　そもそも大学入試センター試験のように，巨大な予算と十分な時間と大量の人的資源を投入して作られる「堕落無重力のはずの問題」ですら，数学の場合には，試験問題として有効に機能しているとは到底いえない状況が長く続いている。実際，数学がよくできる集団のなかでの競争としては，計算間違いだけが命取りになるという，数学的思考力とは無縁の，反知性的で残酷な競争になるし，よくできない集団に対しては，出題された問題の解法が自分の知識の範囲内にあるか否かを，結果としてうまく判定し，範囲外の問題の正解を推定するという，奇妙な

128

運だめしの競争となってしまっている。これが，いまでは誰もが知っていて多く
の識者が状況の改善に頭を痛めている日本の馬鹿げた現状である。そもそも，ど
のような学力をもった学習者にも，それぞれが，どの階層のどのレベルに属して
いるかを合理的にかつ精度よく判定する試験など，作成することは不可能である
といっても大袈裟でない。

2.4 本節のまとめ

　数学の学習が誤解された原因は，過去に出題された問題と同じ（あるいは酷似
した）問題が出題され，それで実力が判定されるという事実にあるのだろう。要
するに，**安易な出題が続き，それに応ずる安易な指導がハバを利かせてきた**とい
うにすぎない。

　しかし，採点のむずかしさを無視すれば（採点者資源の少ない学校では，これ
はじつに深刻である！），誰もがわかる基本レベルで多くの受験生が「見たことの
ない」と感ずる問題を作ることは容易である。ほんの一例であるが，筆者がある
研究会で最近話したことに関連して，

- 関数 $y = \sin(\sin x)$, $y = \sin(\cos x)$, $y = \cos(\sin x)$, $y = \cos(\cos x)$ それ
  ぞれのグラフの概形を描き，特徴を述べよ。
- xy 平面上，異なる 2 点 A$(a, 1)$, B$(b, 3)$ を通る円の方程式の一般形を求めよ。

などという問題である。

　おそらく類題反復重視の人には手も足も出ないであろうが，前者は，最も基本
的な三角関数

$$y = \sin x, \quad y = \cos x$$

の振る舞い（周期性，奇／偶関数，値域，増減，etc.）と関数の合成の意味がわ
かっているだけで解ける問題である。微分法の知識は，あってもあまり役に立た
ない。

　後者にはいろいろな解法があるだろうが，「与えられた 2 直線の交点を通る直線
の方程式の一般形」のような，いまどきは教科書にも載っている基礎例題の，直
線を円に変えるというのが最も身近にあるものであろう。k を任意の定数として

$$(x-a)(x-b) + (y-1)(y-3) + k\{2(x-a) - (b-a)(y-1)\} = 0$$

がそれである。なお，$2(x-a) - (b-a)(y-1) = 0$ は 2 点 A, B を通る直線とい

うのがふつうの理解だが，半径が無限大になった円と見るのが面白いだろう。第3の点Cを考えて後に述べる「同一直線上にない3点を通る円」という問題に帰着させる手もあるにはあるだろう。

　このように

　　（ⅰ）　一見したところ目新しく，

　　（ⅱ）　《理論的な基礎》がわかっているだけで簡単に解ける

良い問題を作るのはむずかしくないが，これらに加え，

　　（ⅲ）　合理的な採点（基礎ができている人の解答と，解法を憶えているだけ
　　　　　　の人の解答とを，きちんと評価して分類できる採点）が効率的に（少な
　　　　　　い時間と少ない人数で）できる

という条件を満たす《入学試験の良問》を作るのは，創造性と手間がかかる仕事である。その結果，**入試問題が良問ぞろいであることは，むしろ稀であること**を数学教育関係者は知らなければならない。

　いわゆる難関校の入試に平凡な勉強が通用しないのは，出題の手間を惜しまない優秀な数学者をたくさん抱えているからである。

　しかし，《少子化》,《国際化》の大波を考えれば，このような《知的な出題への全体的なシフト》と，《数学を介した若年層の階級分断》は時間の問題であると筆者は思っている。

3.　では，学校の生徒はどのように数学を学ぶべきか

　では，数学はどうやって勉強したらよいのだろう。

3.1　数学の学習＝与えられた問題を解くこと？

　問題を出されたとき，「与えられた問題を解く」という受動的なスタイル以外の数学の学習があることを，想像することもできないという，その責任は，基本的には指導者の側にある。しかし，強いていえば，学習者の側にも責任はある。それは，小学校低学年の学習習慣から抜け出そうとしていないということである。

　　$5+4=$　，　$8+7=$　，　$9-4=$　，　$5\times3=$　，　$30\div5=$　，　……

などの計算を迅速かつ正確に行う小学校レベルの基礎計算力育成の点では，わが国は国際的に高い評価を受けている。

本当は，上のような受動的な単なる計算問題を超えて，

> 「これらの中で，互いに関係があるので，一方を解けば他方は解く必要がないものはどれか，そのわけを一緒に答えなさい」

のような，多少なりとも**学習の能動性を促す**，理論的な考察への誘いが，小学校初年級でもあるとよいと思うこともあるが，幼少期から理論や論理を鍛えるのがいいかどうか，筆者自身にはわからない。しかし，幼少期を脱したある段階からは，数学に対して接する態度が変わるべきであるという一般的な命題が，自明な真理であることは確信している。

そして，中学ではじめて接する「正の数／負の数」と「文字式」で，生徒たちはきっと眼を覚ます。「無である0より小さい数」という概念自身が矛盾を孕んでいるし，文字式の規約は位取り記数法の規約と矛盾している。このような矛盾を自分なりに克服するという（それぞれの個人には重い負担の）経験を通じて，**理論的な合理性や抽象的な思考の威力に最初に触れる**のであろう。

これらの単元を小学生に下ろすことに熱心な人が一部にいると聞くが，筆者自身は，折角の《覚醒》のチャンスを失うようで，このような安易な「改革」には否定的である。同時に，中学生にこれらの単元で《覚醒》の余裕を与えず，先を急ぐというのは，基礎に潜む理論的な問題に気づかない，愚かな数学教育の最近の風潮にも反対である。

この「正の数／負の数」「文字式」と並んで，中学生としての自覚を促すのに最も適していたのが「初等幾何」と呼ばれる分野であった。これが数十年前と比べて大幅に幼稚化されてしまったことは，同じ意味でとても残念である。深い思考力／豊かな発想力を維持するために，忙しい財界人になってからも「幾何を一問解く」ことを朝の日課にしている著明な方々がいらっしゃったのは，少年の時代の数学，特に幾何との出会いを通じた覚醒の感動が思い出深かったからに違いない。

3.2 問題を解くことの教育的意味

このように，たとえ受動的に与えられた問題であっても，数学の問題を**自力で**解き，正解に達するという学習に意味がないわけではまったくない！　数学によらず何ごとも，「自力で困難を克服した」という経験は《人生の自信》につながる重

要なものである。数学の場合は，たとえ自力とはほど遠い「見様見真似」のレベルであっても，「解けた！」という経験を通して学ぶものは少なくないはずである。とくに，「できるようになる」という《成長の実感》は重要であろうし，数学の場合，他教科と違って《正しさの説得力が圧倒的》である点にも留意したい。それは学校数学が，論理的というよりは《単純かつ明晰な世界》であるからである。

　簡単な問題ですら解けるようになることには，このような大きな意義があるのであるから，簡単には解けない「難問」は，生徒にとって野心をかきたてる大きな挑戦になる。それが行きすぎるとしばしばトリッキーな技の訓練になってしまうが，それは体育で経験するように，体操の練習も行きすぎると，プロのアスリートあるいはサーカスのスター養成になってしまうのと似ている。そして，数学の場合，訓練を通じた技の磨き上げは，体育と違って，決して目標とはなりえないということに，よくよく留意する必要がある。《適度な難問》であることがとても大切だと思う。

　一般に，高校生レベルまで含めて述べるなら，**多くの定型的な基本問題から過去に出題された良問，名問，難問まで，自分自身の力でその解決に挑戦すること**自身は決して悪いことではない。それは，しばしば試行錯誤を含む，そのような問題解決の努力を通じて，**数学をより広く，より深く理解するための，粘り強い思考を鍛錬**することが期待できるからである。

　したがって，挑戦に失敗して，その挑戦が失敗した理由＝正解に辿り着けなかった根拠を，《自分で発見》するという学習にも重要な意味がある。正解を読んで，「その解法を支える考え方や理論をそもそも知らなかった」ということもあれば，「理論的にはわかったつもりでいたのに，その解法で使えることに気づかなかった」ということもあるだろう。いずれの場合も，自分の理論的な理解の欠点が明らかになるわけであるから，再度理論的な理解の深化に挑む大きな動機になるだろう。

3.3　問題解決を受動的に「学ぶ」ことの危険

　まずいのは，受動的な学習の経験しか積んでいない人にしばしば見られる，「たまたまその解法を知らなかった」という類の総括である。解法の知識が足りないという反省は，いわばその場その時だけの「猿の反省」であって，次の飛躍のための屈伸とはならないことを強調しておきたい。こういう類の反省が出てくるのは，「頻出重要問題」の「ベストな解法」を「わかりやすく」「教えてもらって」

132

「きちんと憶える」ことだけを数学の学習と思い込んできた人の特徴である。このように《喜びと誇りに満ちた数学の学び》とはまったくの別物の「屈伏の数学勉強法」が流行しているのは残念である。

3.4　自学書としての検定教科書の意義

では，問題を解く前に形成すべき**最も重要な**《理論的な基礎》を，数学の場合，どのように自学で身につけることができるのであろう？　多くの学習者にとって，問われる経験すらないこの問いとその解答を，奥行きをもって理解することが極めて重要である。

通常は，学習者にとって，**最も身近な存在**で，**最も信頼できる書籍**，すなわち**文部科学省検定の数学教科書**をしっかりと自力で読むことである。学習とは，遠い古えの時代から未来永劫に至るまで，先人が後世のために残した文書の読解に始まり，読解に終わるのである。

しかし，いろいろな事情から，自学自習だけではいかにきちんと読んだつもりでも 陥^{おちい} りかねない，**教科書読解の陥穽**がある。広くは独学者の陥穽といってもよい。

それはどういうところにあるのだろう？　次にそれを具体的に見てみよう。

4.　教科書を独学スタイルで学ぶ際の危険について

教科書読解の陥穽とは何だろう？　検定教科書と一般の数学関係の書籍との決定的な違いは，明らかな誤謬^{ごびゅう}，独^{ひと}りよがりな独断的表現が，多くの人の目を通した「編集作業」と「校正」そして「検定」を通じて，すべて克服されていることである。それなのに，これを読解するのにどんな落とし穴があるのだろう？

4.1　教科書らしさの良さの蔭にある欠点

検定教科書は，それぞれの学年で学習すべき数学の内容が，必要かつ十分にして規範的なタッチで述べられており，学習にあたって参照すべき最も信頼できる書物である。しかしながら「教科書的」という言葉があるように，**教科書の多くは，無味乾燥に流れ，文章として一般に最重要といわれる「起承転結」のようなダイナミックな展開がほとんど削除を受けているため**，小説を読むように「ワクワクしながら楽しく読める」ようには書かれていない。それゆえ，読者は，教科

書の表面立っては書かれていないひっそりと潜む数学的なストーリー（理論的主題の流れといってもよい）を，いわば《眼光紙背に徹する》ようにして，正しく読み取ることが必須である。

　しかも，最近の教科書の中には，採用して利用する学校現場での「使いやすさ」や多様な学力の学習者の「理解しやすさ」のために，授業単位（50分）で完結する，いわば「短篇もの」のように，「前おき→まとめ→例→問」あるいは，「基本事項→例題→考察→問」のようなセットを1単位あるいは1/2単位として構成されていることが多いために，**数学的なストーリーの読解はしばしば昔の教科書よりも困難になっている。**

　さらに，最近の傾向として，「余計な親切」的な記述は多いのに，「わかりにくい」という声を恐れて，**一番肝腎な論理的な展開の説明は極端に少ないのである。**また文章表現も，教科書として模範的とはいえない，ここに書くことのできない裏の事情もあり，読むに値する理想の教科書の問題はいろいろと悩ましい。

　その結果，最も信頼できるはずの検定教科書を自学（独学）するだけでは，一番肝腎の理論の核心＝数学的ストーリーが理解できるとは限らないことに注意する必要がある。折角の自学の態度で望んでも，下手をすると肝腎要の数学的なストーリーがまったく見えないまま学習を終えてしまう，**過った学習の危険性**があるということである。

　自学をしてさえもこのような危険があるということは，**自学なしに受動的に授業中心で学ぶ**という学習の場合は，陥穽に気づくことすらなく，平板かつ簡潔に書かれざるをえない宿命の教科書の記述を，そのまま平板に，切り刻まれた「問題と解答」のセットとして暗記して終わる，という結末になる。こういうやり方では，気の毒ながら，**いくらやっても数学の力は身につかない**であろう。

4.2　教科書の記述とその問題点，そしてその背景

　以上の問題を理解してもらうために，少し詳しく具体的に見てみよう。

4.2.1　典型的な教科書の記述

　以下は，初学者をはじめ，「数学がよくわからない人」が読めば，「どこにでもあるような」検定教科書[1]の数学II「図形と式」の円についての導入部の最も典

---

1)　筆者自身も，自分が中学・高校の頃には，検定教科書はどれも似たり寄ったりだと思って

134

型的な叙述である。出版社の名前を隠すという意図から，筆者自身がかつて主幹
として編集した教科書の例題の数値を部分的に利用するなどして，いまどきの教
科書の記述に表面的な変更が加えてある。

　このような記述が，「採択される教科書」という形をとるために，《書籍の真の
使い手であるはずの読者》にとって，いかに多くの欠点をはらむものに変質して
しまうか，ここに含まれる数多くの問題点をあとで詳しく解説するために行番号
を振ってある。決して筆者が意地悪に挙げ足取りをしているのではなく，教科書
として実装されるもののもつ《逃れがたい欠点》を指摘したいだけであることを
理解していただきたい。

1　　　定点 C (a, b) からの距離が r である点全体の集合は，点 C を中心とする半
2　　径が r の円である。
3　　　この円上の点を P(x, y) とおくと
4
$$\mathrm{CP} = \sqrt{(x-a)^2 + (y-b)^2}$$
5　　CP$= r$ であるから，
6
$$\sqrt{(x-a)^2 + (y-b)^2} = r$$
7　　すなわち，
8
$$(x-a)^2 + (y-b)^2 = r^2$$
9　　これが，中心 C(a, b), 半径 r の円の方程式である。この形を**円の方程式の標**
10　　**準形**という。

11
　　　中心が A(a, b) , 半径が r の円の方程式は，
$$(x-a)^2 + (y-b)^2 = r^2 \qquad \cdots\cdots (*)$$
　　　また原点を中心とする半径 r の円の方程式は，
$$x^2 + y^2 = r^2$$

12　　　**問 1**　次の円の方程式を標準形で答えなさい。
13　　　1．中心が点 $(1, 2)$, 半径が 3 の円

いた。

14　　　2．中心が点 $(-2, 1)$, 半径が $\sqrt{5}$ の円

15　　問2　2点 A$(1, -2)$, B$(-3, 4)$ を直径の両端とする円を考える。

16　　　1．この円の中心の座標を求めなさい。

17　　　2．この円の方程式を標準形で答えなさい。

18　　円の方程式

$$(x - a)^2 + (y - b)^2 = r^2 \qquad \cdots\cdots (*)$$

19

20　の左辺を展開して整理すると，

$$x^2 + y^2 - 2ax - 2by + a^2 + b^2 - r^2 = 0$$

21

22　となる。この式は，l, m, n を定数として

$$x^2 + y^2 + lx + my + n = 0 \qquad \cdots\cdots (\blacklozenge)$$

23

24　という形をしている。

25　　そこで，$(\blacklozenge)$ を円の方程式の一般形と呼ぶ。

26　　問1　次の方程式で表された円の中心と半径を求めなさい。

27　　　1．$x^2 + y^2 - 6x - 4y + 4 = 0$

28　　　2．$x^2 + y^2 + 3x + y - 3 = 0$

29　　　3．$2x^2 + 2y^2 - 3x + 4y = 0$

30　　問2　方程式 $x^2 + y^2 - 2x + 4y + k = 0$ が円を表すのは実数の定数 k

31　がどんな範囲にあるときか。

32
> 【例題】　xy 平面上，3点 A$(3, 5)$, B$(-6, 2)$, C$(2, -2)$ を通る円の方程式を求めよ。

33　[解答]　求める円の方程式を一般形で

$$x^2 + y^2 + lx + my + n = 0$$

34

35　とおく。円が点 A$(3, 5)$ を通ることから

$$3^2 + 5^2 + 3l + 5m + n = 0$$

36

37　すなわち

$$3l + 5m + n = -34 \qquad \cdots\cdots\cdots (1)$$

38

39　同様に B$(-6, 2)$, C$(2, -2)$ を通ることから

$$(-6)^2 + 2^2 - 6l + 2m + n = 0$$

40

136

$$2^2 + (-2)^2 + 2l - 2m + n = 0$$

すなわち,

$$-6l + 2m + n = -40 \qquad \cdots\cdots\cdots (2)$$

$$2l - 2m + n = -8 \qquad \cdots\cdots\cdots (3)$$

$(1), (2), (3)$ より,

$$l = 2, \ m = -4, \ n = -20$$

よって求める円の方程式は,

$$x^2 + y^2 + 2x - 4y - 20 = 0$$

4.2.2　初学者には気づきにくい典型的な教科書の記述に潜む問題点

以下に問題点を指摘するが, 読みやすさのために行番号の番号順に列挙する。問題点の種類ごとに, ★, ☆, ✕, □ の各マークをつけるが, これも読者への便宜のためである。

- ★ 説明が不足している点
- ☆ 説明が余計な点
- ✕ 叙述が数学的に不適切な点
- □ あまり意味がないが, 教科書に付き物の必要悪のような箇所

注意してほしいのは, このような欠点が検定後の教科書にも残るのは, それぞれが「数学的に明らかな間違い」や「明確な学習指導要領違反」ではないからである。「表現の自由」という憲法の規定に従い, 文部科学省の検定は上のような点以外は修正権限を有さない。

他方, 出版社がこのような自明な欠点を修正できないのは, 採択に重要な役割を果たす現場の意向を反映することを最優先せざるをえないという市場経済の結果である。

読者には, いずれの側にも決して悪意はないことを十分に承知してほしい。

以下では,「数学学習の規範となるべき数学の教科書に課される責任を思うと指摘せざるをえない」という重い決意で書く。「細かすぎるのではないか!　そんなに詳しく教科書を読む人などいない」という現実主義者の批判は, あえて無視する。

(1)　(★) 1～2 行

主題である「円とはそもそも何か」という根本問題に対する教科書としての立

場が不明なまま始まっている。いいかえると，「……点全体の集合」と「円である」の説明で，どちらが最初の定義で，どちらが付属説明なのか，不明である。おそらくは，「円は小学生でも知っているので，あらためて定義するまでもないが，それを集合として捉え直しておこう」という気楽な善意から，（おそらく）意識して不明確にしているのであろうが，どうせなら数ページ先にある修正案のようにしっかり書かれていたほうが，読者には親切ではないだろうか。

(2)（★）3〜4 行

「この円上の点を P(x,y) とおくと」という，よく使われる，高校生らしい怪しい表現に象徴されるように，最初に円を集合として叙述することの意味がまったくわからない。「平面上の図形の方程式とは，平面上の任意の点 P(x,y) がその図形（集合）に属すか否かを判定する条件を x, y についての方程式として述べたものである」という**最初の出発点にあるべき基礎を曖昧**にしていることが仇となっている。

(3)（★）5〜6 行

もし，「円上の点 P を任意にとった」というなら，以下は，単なる必要条件となってしまうが，そこには目をつぶったとしても，論理的には，まず最初に条件 CP $= r$ があるべきで，その前に突如登場する等式 CP $= \sqrt{(x-a)^2+(y-b)^2}$ は「2 点間の距離の公式」にすぎない。より正確には，平面上の任意の点 P(x,y) について

$$P \in 円 \iff CP = r$$

が初めにあるべきである，ということである。その意味では，6 行目の平方根記号を含む式のほうが，本来は円の方程式と呼ぶにふさわしい。

なお，CP という記号で，2 点 C, P 間の距離，あるいは線分 CP の長さを表す（というより，線分と線分の長さを区別しない）のは，最近の学校数学で定着した慣習である（半径と半径の長さを混同するのもこの慣習に則っている）。昔は，線分 CP の長さは $\overline{CP}$ と書いたものである。

(4)（★）7 行

「すなわち」は「上式の両辺がともに負にならないから，それぞれを 2 乗した等式を作っても元と同値な方程式であるので」の省略表現であろうが，高校数学では「一般に両辺を 2 乗した等式を作るのは許されない変形である」という《教え》

138

が強調されるので，これでは少し不十分ではないだろうか。余計なことは詳しく丁寧なのに，論理的に微妙なことが省かれているのは不都合であると思う。

(5) （★）9行

　この流れでは，なぜ「これが，中心 C (a, b)，半径 r の円の方程式である」というのか，この主張の論理的な根拠が鮮明でない。この腰の座っていない表現は，そもそも，上で指摘したように，一番肝腎の「円の方程式」という概念についての論理的叙述が欠落しているためである。

(6) （☆）10行

　「標準形」をここで強調するのは，後の「一般形」を対照的に明確化するための布石のつもりであるかもしれないが，後に続く「一般形」の記述を読む限りでは，ここで「標準形」を強調する価値はないように思う。

(7) （☆）11行

　枠囲みの記述は，重要であることを強調しているのだと想像するが，原点中心の場合以外は単なる繰り返しである。よほど読書が苦手な学習者を想定しているのかもしれないが，数学の教科書で同一内容が繰り返されるのは，余計な親切で，読者に失礼である。

　また，原点中心の円がなぜ特記されるべきなのかも，この説明だけではわからない。

　以上の問題点を修正するには次のようにすればよいが，行数が増えてしまい，教科書としては「市場」に嫌われるであろう。

【修正案】

　平面上にあって，ある定点からある一定の距離にある点全体の集合を円と呼び，最初の定点をその**中心**，一定の距離をその**半径**と呼ぶ。xy 平面で点 A(a, b) を中心とする，半径の長さが r の円を記号 C で表すことにすると，上に述べた円の定義から，xy 平面上の任意の点 P(x, y) について

$$\mathrm{P} \in C \iff d(\mathrm{A}, \mathrm{P}) = r$$

である。ここで $d(\mathrm{A}, \mathrm{P})$ は平面上の2点 A(a, b), P(x, y) の距離を表すが，xy 平面の基本性質から

$$d(\mathrm{A}, \mathrm{P}) = \sqrt{(x - a)^2 + (y - b)^2}$$

であるので，P(x, y) が円 C 上にあるための必要十分条件，すなわち，円 C の方程式は

$$\sqrt{(x-a)^2 + (y-b)^2} = r \qquad (1)$$

という x, y の方程式である。

方程式 (1) の両辺は 0 以上であるから，(1) は，両辺をそれぞれ 2 乗した式

$$(x-a)^2 + (y-b)^2 = r^2 \qquad (1')$$

と同値である。通常は平方根記号を含む (1) ではなく $(1')$ の方を円 C の方程式と呼ぶ。

【参考】　特に原点を中心にもつ円の方程式は，一般に

$$x^2 + y^2 = r^2$$

と書かれ，さらに $r = 1$ の場合は**単位円**と呼ばれる。これらは，後に学ぶ三角比，三角関数で重要な役割を果たす。

【発展】　円の方程式 $(1')$ は，

$$\frac{(x-a)^2}{r^2} + \frac{(y-b)^2}{r^2} = 1 \qquad (1'')$$

と変形できるが，これをさらに一般化した方程式

$$\frac{(x-a)^2}{r_1{}^2} + \frac{(y-b)^2}{r_2{}^2} = 1$$

は，円を縦横に伸ばしたり縮めたりしてできる（x 軸方向の半径が r_1，y 軸方向の半径が r_2 の）**楕円**を表す。これを**楕円の方程式の標準形**と呼ぶ。

(8)　（□）12 行

12 行のような「問題」は小学生にとっての「九九」のようなもので，やむを得ない通過儀礼のようなものである。ただし，問 2 は，後に登場する例題のように，一般に平面上の円は，中心の座標と半径で決まるだけでなく，通過する（同一直線上にない）3 点で決定されるのであるが，特別の 2 点であればそれらを通過するという条件だけで決定できるという意味で，後の例題の予備問題になっている

ことが意識されるべきである。

(9)　（×かつ☆）19〜20 行

　(*) の《左辺》は，$(x-a)^2$ と $(y-b)^2$ の和であり「展開」することはできない。正確さを期すと，「左辺の和を形成する各項を展開し，右辺を移行して，全体を見通しよくするために x, y それぞれの降べきの順になるように項の順序を変更すると」という長々しい説明になるが，「左辺を展開」などという不正確な説明をするくらいなら，こんなことをいちいち説明しなくても，いきなり飛躍して書けばよいのではないだろうか。こんなことは読者が自分で補うべきところではないだろうか。「最近の高校生の数学的理解力のレベル」をあまりにも低く見ている（よくわかっている？）からであろうか。

(10)　（×）21〜24 行

　ここは初学者に説明すべきものを紙面の都合から省いていることは明らかである。たとえば，

$$「\quad -2a = l,\quad -2b = m,\quad a^2 + b^2 - r^2 = n \qquad \cdots\cdots (\heartsuit)$$

とおけば，」といった説明が省かれている結果，最後の「という形をしている」という奇妙な表現になってしまっている。

　最も不都合なのは，それをもって「円の方程式の一般形」とすましていることである。与えられた任意の 3 つの実数 l, m, n に対して，$(\heartsuit)$ を満たす 3 つの実数 a, b, r が存在するとは限らないからである（1 次方程式で与えられる a, b の存在は自明だが，2 次方程式になる r が問題となる）。

　多くの検定教科書は，実際には，この理論的な問題を少なくとも一応扱ってはいるが，その後に続く例題の扱いに比べると，30〜31 行のような問を使うことで，x, y それぞれについての平方完成のような理論的／技術的なむずかしさが登場しないように処理されることが多い。

(11)　（★）32 行

　32 行の例題を，なぜ 33 行以下のように方程式を立てて解くのか，その説明がない。そもそも（上では省かれているが）このような解法の方針をとる際には，l, m, n が $l^2 + m^2 > 4n$ を満たす実数の定数であるべきなのだが，そのことが直前で証明された／ほのめかされたばかりなのに，である。むしろここは，標準形の場合なら「中心の座標と半径を表す 3 つの実数 a, b, r」，一般形の場合であっ

ても「$l^2 + m^2 > 4n$ を満たす**3**つの実数 l, m, n」で決まることを受けて，この例題は「円の通る**3**点」で決まることに焦点を当てて証明するというのが《話の流れ》ではないだろうか。「一般形の応用」という位置づけでは情けない。

　しかしながら，この肝腎のストーリーが無視され，昔ながらの解法がいまも葬られずに生き残っているのは，中学校**2**年生の連立**1**次方程式から締め出された**3**元の連立**1**次方程式が，近年は，数学Ⅰ「**2**次関数」の単元で，「**2**次関数 $y = ax^2 + bx + c$ のグラフが，同一直線上にない x 座標の異なる与えられた**3**点 $P(p_1, p_2), Q(q_1, q_2), R(r_1, r_2)$ を通るように定数 a, b, c の値を決定する」という問題を解くために ad hoc に「現地調達」する，というかつての日本陸軍のインパール作戦のような，無理をして学ばせたばかりのものにすぎないからであろう。このような御都合主義を排して学習者の立場に立てば，この問題の解法のために余分な作業をするよりも，この先，次ページ以下に示すような別解が可能であり，しかも**3**元の連立**1**次方程式の解法に不慣れな初学者にもむずかしくないと思う。

(12)　（☆）35～38 行

　38 行の式を導くのに，36 行を経なくてはならないのだろうか？　もう少し高校生（学習指導要領上は高校**2**年生！）を高校生らしく扱ってやれないものだろうか？

　40～44 行も同様である。この部分が「異様に親切」なのは，無理を承知の「インパール作戦」遂行のための「現地を知らない参謀の浅知恵」であるに違いない。

(13)　（★）46～48 行

　「48 行の結論が円の方程式として適切である」かどうかは，本来ならこうして決定された l, m, n が $l^2 + m^2 > 4n$ を満たす実数であるか否かを考えるか，あるいはこうして求められた方程式が「3 点の座標を満たすことから，（昔の言葉でいえば"点円"や"虚円"ではなく本物の）円を表さなければならない」という具合いに，きちんと《吟味》しなければ，十分な解答とはいえない。

　「対数方程式 $\log_2(x+1) = 3$ を解くとき，$x+1 = 2^3$ から $x = 7$ を導き，これが真数条件 $x+1 > 0$ を満たすことを確認する」ような《論理的な無駄》には「無駄にうるさい」教科書が，本来最も必要なところで論理に甘いのは，ひどくバランスが悪い。

　じつはこの例題は，円の方程式の標準形 $(*)$ を使っても解くことができる。むし

142

ろそのほうが（最初の見掛けの複雑さとは裏腹に）遥かに簡単で，見通しもよい。

【別解】

求める円の方程式を，中心を (a,b)，半径を r として
$$(x-a)^2 + (y-b)^2 = r^2$$
とおく。円が点 A $(3,5)$, B $(-6,2)$, C $(2,-2)$ を通ることから
$$(3-a)^2 + (5-b)^2 = r^2 \qquad \cdots\cdots (1)$$
$$(-6-a)^2 + (2-b)^2 = r^2 \qquad \cdots\cdots (2)$$
$$(2-a)^2 + (-2-b)^2 = r^2 \qquad \cdots\cdots (3)$$
である。それぞれの方程式の右辺に共通にある r^2 を消去するために
$(1)-(2)$, $(1)-(3)$ を計算すると，a^2, b^2 も消し合って，
$$-18a - 6b - 6 = 0 \qquad \cdots\cdots (4)$$
$$-2a - 14b + 26 = 0 \qquad \cdots\cdots (5)$$
となる。そこで，a, b の 1 次方程式 $(4),(5)$ を連立して，
$$a = -1, \quad b = 2$$
を得る。これら中心 (a,b) の座標を (1) に代入すれば
$$25 = r^2$$
となる。よって求める円の方程式は，
$$(x+1)^2 + (y-2)^2 = 25$$
である。

最初の $(1), (2), (3)$ は，見かけでこそ a, b, r 3 元の連立 2 次方程式をなしているが，じつは右辺に共通にある r^2 を消去するごく自然な発想に基づく計算で a, b についての連立 2 元 1 次方程式に帰着される（a^2, b^2 も同時に消去される）。そしてじつは，パラメーター a, b を変数 x, y と書き直してやればわかるように，$(4), (5)$ はそれぞれ線分 AB, AC の垂直 2 等分線（線分の端点から等距離にある点全体の集合といってもよい）の方程式であるから，$(1)-(2)$, $(1)-(3)$ によって 1 次方程式が出てくることは，計算するまでもなく最初からわかっているといってもよい。のみならず，求められた 2 本の垂直二等分線の交点が，三角形 ABC の外心（したがって外接円の中心）であることも自然にわかる。

　誤解のないように，念のため釈明しておくと，「円の方程式」において「一般形」
と「標準形」との区別を強調して教えることにいかなる意味もないと主張してい
るわけではない。「標準形」は「ユークリッド平面における円」の定義の単なる解
析的ないいかえにすぎないのに対し，「一般形」は，x, y の 2 次方程式

$$ax^2 + 2bxy + cy^2 + dx + ey + f = 0, \qquad (a,b,c) \neq (0,0,0)$$

が表す図形が円であるために，定数 a, b, c, d, e, f の条件 $a = c \neq 0$ かつ $b = 0$
の必要性（ちょっと計算すれば，より詳しい必要十分性

$$a = c \neq 0 \ \text{かつ} \ b = 0 \ \text{かつ} \ \frac{d^2}{4a^2} + \frac{e^2}{4c^2} - f > 0$$

を導くのも簡単である！）を視野においたものである。
　しかし，これだけ短い教科書の記述では，いまはそれについて語る流れにあ
るようには見えない（もしこういう流れなら，円の方程式の一般形のところで，
$2x^2 + 2y^2 = 3$ のような方程式の例や，少なくとも条件

$$\frac{l^2 + m^2}{4} - n > 0$$

が明示的に取り扱われていないとまずいだろう）。

　要するに，大切なのは，こんなに小さな授業単位の短い記述でも，そこに流れ
る数学の物 語である。これを無視した技術的な話では，それを技術というには
あまりに些細なものであるだけに，**数学として空虚**であることに注目してほしい。
　しかも，上に示した通り，この物語性を欠いて，いま話題としている【例題】を
「解く」ために，ということであるなら，「一般形」で考える必要は，本来まった
くないことである。上の教科書の解答は，ありうるさまざまな解法の選択肢の一
つ，かつてのカリキュラムでは最も自然で簡単な，しかし現在の学習指導要領下
では数学不得手の学習者には最も気の毒な，途方もない「インパール作戦」のよ
うな解答にすぎないのである。
　なお，2.4 節で示唆したように，計算処理がはるかに簡単な，より発展的な別解
がさらにある。

4.3　まとめると
最も大切な数学のストーリーを，それを知らない初学者のために少しでもダイ
ナミックに展開する意志や意図が，上の教科書の編集委員たちには欠落している

144

という批判も不可能ではないが，より重大なことは，つまらない（⇔ 自明な）数学的変形に関する知識があまりに淡々と述べられているという，教科書にありがちな一般的な欠点[2] を，ここで誇張して非難しているのではない，ということである。

反対に，教科書的な平板な記述の中に意図して丁寧に埋め込まれた[3]，数学的な意味の流れを問わない扁平な「知識主義」＝低俗な「数学公式主義」と肌理細やかな「親切心」溢れる「飛躍否定主義」の奇怪なアマルガムが，最近の教科書では極めて深刻な問題となっていることに注意を喚起したいのである。

5．自学と授業 ── 学校数学では欠かせない両輪

数学の検定教科書ですらもっているこのような宿命的な欠点[4] を，たとえその一部であっても，学習者が自学を通じて勘づき（いいかえれば，そこで躓き，あるいは疑問に思い），それを経て授業に臨み，担当の先生や周囲の仲間と一緒に問題点を共有すれば，やがてその悩みが氷解し「世界が明るく輝いて見える！」という大経験（＝理解の深化の感動）をすることになろう。

欠点が少ない教科書は理想的であるが，たとえ欠点だらけの教科書であっても，学習者の自学とそれを踏まえた知的な学習空間とが一体化すれば，《反面教師》として役立つことも大いにありうる。

6．最後に，教員ができること／できないこと

欠点の少ない教科書を新たに書くことは大変な作業である。しかし，多少なりともまともに編集された教科書であれば，意図的に教科書らしく扁平に表現された記述の中に，《数学の物語》という《数学的な生命の息吹》を吹き込むことは，

---

2) これは教科書の各編集委員に期待されがちな，個性的記述を極力隠す（＝殺す）という教科書の根本的な制約であると同時に，最小限度の知識を凝縮して規範的に表現するという，教科書というものの宿命的な使命でもある。
3) この程度のあまりに些細な「工夫」が教科書の使いやすさ＝売れ行きを決定するという話を聞くが，この程度のことが「判別」できる，初等的な，しかし同時に「いまどきの教育には極めて重要」な「教科書読解力」の有無が，学校現場では決定的に重要である！
4) ということは，一般の学習参考書，問題集の類のもっている欠点は枚挙しきれない，ということである。

現場の教員の力量次第で可能なはずである。そのためにも，学習者に対して自信
をもって**徹底した自学を勧める工夫**を怠らない教員でありたい。たとえどんな教
科書であっても，徹底して自学をしてきた学習者と真剣に対峙するために，自分
自身がかつて大学で数学書を読んだときのように，検定教科書を真摯かつ丁寧に
読めば，授業が変わるはずである。ベテラン教員にとって重要なことは，先入観
を捨てること（あえて哲学的にいえば，**自分の知識の方法論的な消去**）の大切さ
と，**学習指導要領の歴史的な変遷**についての包括的な知識を，いつも頭に入れて
おくことである。大学時代の教科書やノートを勉強し直すのも，このような教員
として最も重要な謙虚さを思い出すために大いに役立つであろう。自学する学習
者のために上の 4.2 節に詳細かつ具体的に記したことは，教員にも参考になるも
のと期待する。

　しかしながら，それが不可能であるほどに，安易な授業の展開を意図して強制
的に誘導する教科書も残念ながら存在する。それは，構成（話の組み立て，例，例
題の配置）が《あまりに強制的》で，かつあまりに実践的に（?!）細かく切り刻
まれているため，一切の物語性が無視される，という数学書としてはありえない
ものである。

　とはいえ，**数学的にはありえない教科書が巷に存在する**ことは，そのようなも
のに対する**市場のニーズが存在している**からに他ならない。こういう現代社会の
市場主義の不条理に，つねに強い警戒心を抱き，安易な多数派路線に乗ることを
戒（いまし）めるのも，現代社会を知的に生きる人のたしなみである。しかし，孤軍奮闘す
るだけでは，生徒が犠牲になる可能性もある。「生徒のために懸命に努力すべきで
あるが，ときには生徒の一生のために一時的な諦めの覚悟も必要である」という
逆説を，胸の奥に秘かにしまっておくことも必要であろう。

自学と大学受験対策

1. 大学入試の難易の一般的尺度

　かつて旧制大学は社会の「特権層」のみが進学できる夢の高等教育機関であった。戦後，新制と呼ばれる新しい大学制度が発足し，高等教育機関としての大学は定員の点で一気に《民主化》が計られた。タイミングよく，わが国の経済の奇跡の復興を受けて，大学進学率が向上し，大学入学競争が《大衆化》する。

　競争の厳しさは，一般的には《競争率》と《競争他者の実力》の2つの側面から語ることができるが，個別大学での入試成績が決定的な合否の要因となる一部の大学を除けば，私立大学の入試倍率が，複数学部受験者，非正規合格者，補欠繰り上げ合格者を除いた，$\dfrac{\text{全受験者数}}{\text{正規定員数}}$ であることの結果，最近の大学生の企業への採用試験と同様[1]，個々の大学の競争倍率にはほとんど意味がない。

　実際，多くの高等学校で一般化している「進路指導」を通じて，「合格したら儲けものである高望み校」，「五分五分で合格／不合格となる実力相応校」，「まずは絶対合格を確保する滑り止め校」のようなランク分けをして，それぞれ1〜3校ずつ受験するスタイルがすべての受験生に普及しているのだろう。若者にこの種の射幸心を煽るのは個人的には到底賛成できないが，これが虚構の「厳しさ」を演出する元凶であることに気づく人は少ない。

　戦後ベビーブームの頂点である1966年（昭和41年）以来の大きな変動の節目を経て，高校卒業者数と志願者倍率，入定超過率などの変化が簡単な表としてま

---

1)　最近の学生は，一般に20社以上の企業に採用試験のためのエントリー・シートを書くという。その結果，全員が入社する年度が売り手市場の好景気の場合であるとしても，各企業では平均倍率が20倍以上になってしまい，採用担当者を悩ませ，最近ではその業務を代行する企業まで登場している。

とまっている。これ自身は，文部科学省の Web site [2] からの引用であるが，図版には（出典）文部科学省「学校基本調査報告書」，「全国大学一覧」という情報がある。

第一次ベビーブーム時と比べると，人口で 85% に減少，入学定員では 242% に大倍増した 1992 年（平成 4 年）と比較しても，2011 年（平成 23 年）では，表の下にある枠内に書かれているように，「大学収容力」が約 60% から約 92% に増大し，実質的に無試験入学に近い時代を迎えている。

1997 年（平成 9 年）から 2011 年（平成 23 年）に至る「入学定員・入学者数等

大学の入学定員・入学者数等の推移 （長期的傾向）

入学定員は増加。志願倍率，入学定員超過率はともに減少傾向。

（単位）千人

	18歳人口	高校卒業者	大　学				
年			入学定員 A	志願者数 B	志願倍率 C＝B/A	入学者数 D	入定超過率 E＝D/A
1966 (昭和41)	2,491	1,557	195	513	2.63	293	1.50
1976 (昭和51)	1,543	1,325	302	650	2.15	421	1.39
1992 (平成 4)	2,049	1,807	473	920	1.94	542	1.14
1999 (平成11)	1,545	1,363	525	756	1.44	590	1.12
2009 (平成21)	1,212	1,065	572	669	1.17	609	1.06
2010 (平成22)	1,216	1,071	575	680	1.18	619	1.08
2011 (平成23)	1,202	1,064	578	675	1.17	613	1.06

（左欄の注記）
- 1966: 18歳人口戦後1回目のピーク
- 1976: 18歳人口戦後2回目の減少
- 1992: 18歳人口戦後2回目のピーク
- 1999: 私立大学入定未充足校大幅に増加

（出典）文部科学省「学校基本調査報告書」，「全国大学一覧」

1992年（平成4年）
- 現役志願率　約50%
- 大学収容力　約60%
- 大学進学率　約39%
- 現役：浪人　2:1

→

現在（2011年）
- 現役志願率　約55%
- 大学収容力　約92%
- 大学進学率　約51%
- 現役：浪人　6:1

---

2)　https://www.mext.go.jp/b_menu/shingi/chukyo/chukyo4/siryo/attach/__icsFiles/afieldfile/2012/06/28/1322874_2.pdf。引用にあたり，西暦を加えたり，表を作り直すなどの修正を加えた。

の推移」については次表があり，一見したところ志願倍率こそ急落傾向にブレーキがかかって下げ止まりしているかに見えるものの，実際は国公立校，他の私立校との併願者のために作られている虚構の倍率であることは，一番下の参考にある全国平均倍率が 1.2 であることから明らかである。

　上の表の「入定超過率」との微妙な相違は，基本データの解釈によるものであろうが，いずれにしても大概の趨勢を判断するには無視できる程度の違いである。

大学の入学定員・入学者数等の推移（短期的傾向）

入学定員，入学者数は，1997年（H 9年）から約 7 万人の増加。
志望倍率については，1997年（H 9年）から全体で 1.7 ポイントの減少。この 5 年は，微増傾向。

入学定員・入学者数の推移

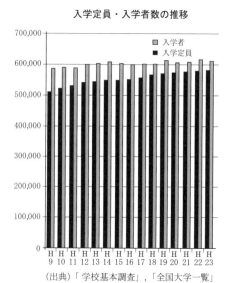

（出典）「学校基本調査」，「全国大学一覧」

志願倍率の推移
（各大学の志願者／募集人員の平均）

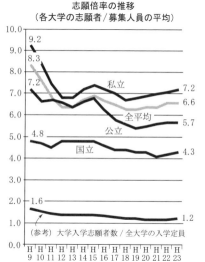

（出典）文部科学省調べ

年	1997 (平成 9)	1998 (平成 10)	1999 (平成 11)	2000 (平成 12)	2001 (平成 13)	2002 (平成 14)	2003 (平成 15)
入学定員	505,961	516,736	524,807	535,446	539,370	543,319	543,818
入学者	586,688	590,743	589,569	599,655	603,955	609,337	604,785

2004 (平成 16)	2005 (平成 17)	2006 (平成 18)	2007 (平成 19)	2008 (平成 20)	2009 (平成 21)	2010 (平成 22)	2011 (平成 23)
545,281	551,776	561,959	567,123	570,250	571,921	575,326	578,427
599,331	603,760	603,054	613,613	607,159	608,730	619,119	612,858

　要するに，競争倍率という点でいえば，最近の大学入試は，厳しさが劇的に低下しているということである。

2.　一部大学の突出した競争の厳しさと過った対策

　以上の全国的な趨勢とまったく別の大学入試が存在する。**受験生に人気が極めて高く，競争倍率以上に，学力が極めて高い受験生が競争試験のライバルになっている大学**の場合である。大雑把にいえば，有名国立大学と有名私立大学看板学部，そして国公私立の医学部である。

　その結果，大学進学実績で生き残りを賭ける私立高等学校では，かつての「能力別クラス編成」をより特化した「特進・医進コース」という，表現上は意味不明なコースを設けるところも少なくない。ここでは，いまも生き続けている難関大学と医学部を志望する生徒に特別の教育を施すというのである。しかし，そのような進路希望者全員に合った「特別コース」の《一意的な存在性》という，現代数学の洗礼を受けた人にはよく知られた最初の基本的問いからして自明ではない。

　実際，医学系といっても，臨床系と基礎系では，まるで違う人材が求められているし，臨床系に絞っても，小児科と精神科，血管内科と消化器外科では同様であろう。理系といっても，理学系と工学系，農学系，薬学系とでは，学科によっては「水と油」ほども違う。

　「狭き門」を潜ったあとの，大学の中に広がる広大な多様性を踏まえた，弾力的で知的な進路指導こそが重要であるはずである。知識も情報も決定的に貧しいわが国の幼い中学生・高校生に，その貧しさを克服するための「特別コース」が取り組まれるならじつにすばらしいが，はたして可能なのだろうか。保護者の利己的な気持ちに迎合した生徒集めの広告にすぎないことを恐れる。

　前節で述べた近年の入試状況からわかるように，たまたま例外的に「難関校」に合格するわずか数人の生徒の「輩出」に成功することは確率的にありうるが，統計的には，「一将功成りて万骨枯る」の言葉のように，同級生の中に夥しい数の敗北者を生み出すこと必定である。たかが高望みの入試における当然すぎる失敗を，取り返しのつかない人生の大敗北と思い込んで，「第 $n\,(n \geqq 2)$ 志望の大学に入学しながら自分の部屋に引き籠る」若者の数は，深刻な社会現象というべき状況にある。幻想を夢と錯覚させて強引に指導してきた「$m\,(m > 1)$ 流進学校」の責任は重大である。

3. 難関校への唯一の真の対策

試験での運試しは別として，本当の意味での対策となる準備は，**進学したい先の大学が欲しがる人材として自分自身を研く**ことに尽きる。

冒頭に述べたように，難関大学への実質倍率は，半世紀以上前と比べて大幅に下がっている[3] ことを考えれば，**よりよい入学生を求めて必死に競争しているのは，むしろ大学側である**といってよい。今後グローバル化が進行して，**海外の有力大学が日本分校を開設する流れが強大化**し，他方，**日本から海外の大学／大学院に進学することがむずかしくないことが国民によく知られてくれば**，良い学生を求める日本の大学の競争が一層熾烈化することも必至である。

だとすれば，問題は，「進学したい先の大学が欲しがる人材として自分を研く」とは具体的には何を達成することであるか，ということに他ならないであろう。しかし，その答えは驚くほど簡単である。著明な大学が求めているのは，

- 失敗に懲りず，試行錯誤を繰り返す挑戦的な精神の持ち主
- 粘り強く思索する，息の長い思考の習慣の持ち主
- 行き詰まりを打破する創造的な精神の持ち主
- 周囲と「和して同ぜず」という，よき交遊関係の構築能力
- 数学的な構想力，国語的／英語的な読解力・文章力
- 指導者・先輩の学識を尊敬し，後輩に学理的経験を伝える学問的対話力
- 自分自身が関心をもって取り組んだ主題への自発的な研究／学習の実績
- 自分が強く関心をもった主題の周辺領域への確実な知識
- 自分の関心から離れた主題の研究への幅広い関心と共感
- 専門的な著作から一般書に至る広い読書経験に由来する該博な知識と的確な興味
- 他の人のために自分の研究に献身的に邁進する，よい意味での情熱と正義感

のようなものに他ならないからである。こういった能力を身につけるために，中学生・高校生のときから《学理的に正統的な正しい筋でしっかり勉強する》こと，《自分で考え／苦しみ／解決するという体験を蓄積する》こと，《周囲の友人と多方面の学問的な会話をする》こと，《与えられた課題を解決するだけでなく自ら課

---

3) 半世紀の間に「若干の増加はあってもあまり変動していない難関大学の定員」÷「同世代の人口」が同じ土俵に乗る選別競争率といってよいであろうからである。

題を発見する》こと，《多くの書籍を読破する》ことなどが絶対的に必要である。

　反対に，理論もわかっていないのに，公式の知識や解法の知識で理論的な理解を詐称するような若者が歓迎されるはずもない！　それなのに，まことに不思議なことに，わが国の学校では，こういう経験を禁ずるかのような「指導」がまかり通っている。その構造的な理由については別章で論じたので，ここでは省こう。

　中学校初学年からの《数学における自学》は，《毎日の読書》，《毎日の思索》と並ぶ，このような本格的な勉強のための最適な助走であり，したがってこれからの「難関大学入試」に向けて最高の対策になると思う。

子どもが成長する権利，
子どもの成長を見守る責任
── 少しませた中高生，そして保護者，
　教育関係者の皆さんに

1. はじめに ── 苦しい暗闇の中での光明

　人生，多少長く生きていると，何をやってもうまく行くときと，反対に何をやってもうまく行かないときがあると，つくづく思います。戦後の日本経済の「復興」時代はさながら前者でありましょうし，「9・11」以降，今日に至る国際情勢は，後者でありましょう。

　ここで「とき」という曖昧な表現を使ったのにはちょっとした理由があります。本当は，「時代」という表現のほうがはっきりするようにも思うのですが，「時代」という言葉は明確であるけれど，「うまく行く」「うまく行かない」ことの責任を，「時代」に押しつけている気がします。本当は人間に責任があるのであって，「時代」に責任があるわけではないことを，少しでもはっきりさせたいと思うのです。もし「時代」という言葉を使うなら，「時代の風（順風／逆風）」に対していかに立ち向かうか，それぞれの人間に問われているというのが正しいと思います。

　語句の選択の問題はともかくとして，個人の生きる姿勢や頑張りではどうしようもないという圧倒的な力が働いている「とき」があることは否定しようがないでしょう。これを人は《不条理》と呼んできました。

　人類の歴史ではこの種の不条理が繰り返されてきたように思います。暴君の圧制，他者との戦争，他民族による征服は人類史に刻まれた《不条理の傷跡》ですが，地震，干魃，洪水，冷害などの自然災害にも人類はずっと悩まされてきました。また，疫病の流行は，祈りや呪いに頼って，その嵐が去るのを耐えて待つことしかできませんでした。このようなものは，古来から最も恐れられてきた「時

代の逆風」でしょう。

　そのような《不条理な不幸》と闘うために，人類はさまざまな社会的／制度的／文化的な枠組を工夫してきました。自由・平等・博愛（Liberté, Égalité, Fraternité）というフランス革命の理念も，選挙による権力者の選出という民主主義（democracy）という制度も，科学（science）という主観性を徹底して排除した知の蓄積も，そのような枠組の一つといってよいでしょう。

　近世に入ってからは，専ら合理的な推論に基づく《数学》を主要な武器とした《自然科学》という新しい文化が生まれ，それに裏打ちされた《技術》の大躍進が社会を大きく変革しました。その輝かしい躍進ぶりに，人類がこれで不条理の不幸から解放されると期待したときもありました。石炭・石油の発見を通じて可能になった蒸気機関や内燃機関の発明は人間を奴隷的な重労働から解放し，電気エネルギー制御の発見はこの変化を加速すると期待されてきました。伝染病に対する統計的・数学的なアプローチは，epidemiology（広範囲人間学，日本では疫学と訳されています）と呼ばれ，伝染病に対する科学的な研究の契機となった医師ジョン・スノウ（John Snow, 1813–1858）のコレラ感染研究（1854年）以来，科学的な医療の基本手法として定着しています。ジェンナー（E. Jenner, 1749–1823）による種痘の発見（1798年）以降の多様なワクチン（vaccine）の開発，フレミング（A. Flemming, 1881–1955）によるペニシリンの発見（1928年）以降の抗生物質（antibiotics）の開発により，現代では新しく開発された治療法の効果を科学的な証拠に基づいて確認することが常識となり，それによって人類は疫病すら克服したかに思ってきた人も多いと思います。

　しかし，科学や技術の及ぶ範囲は依然として限定的であり，ますますの利便性とエネルギーを求めて人類が行ってきたことは，不可逆的なレベルの地球的規模の歪みと災難をもたらす危険が現実化してきていると多くの人が感じていますし，肉体的労働から「解放」された先進国の現代人は，しばしば慢性的な肥満に由来する疾患や長期の寝たきり生活を強いられています。太陽系の果てまで探査する衛星を飛ばすことができるようになった今日も，地球の海底や地底深くで進行する巨大なエネルギーの動きはいうまでもなく，未開発のジャングルに潜む病原性の細菌やウィルスはほとんど未知の世界です。生命をおびやかす激しい気象変動や巨大地震と同様，私たちは疫病を克服したというにはまだほど遠いことを知らなければなりません。人間がこれまでに開発した抗生物質すべてに耐性をもつスーパー細菌の出現，変異の反復を通じて制御が困難になるウィルスの出現は，もは

や単なる可能性の物語ではありません。

　科学の進展は，私たちの科学的知識を増やしてくれますが，同時に，**既知の世界の外に広がる未知の世界の広大さと深遠さ**を教えてくれます。いいかえると，科学の進展は，私たちが依然としていかに無知であるかを教えてくれるものであって，無知が解消されると期待するのは科学を知らない人の素朴すぎる楽観というべきでしょう。

　しかし，科学の進展は，私たちがその拡大した無知の中で《少しでも科学的な想像力の翼を広げ》《少しでも聰明に現代を生きる努力の模索》に必要な《勇気と思慮深さ》とを与えてくれるものであると思います。

　若い世代には，そのような未来への希望を切り開く《知性の力》を《最もよく獲得できる若い時期に》《学びを通じて獲得》する《不可侵の権利》がありますし，他方，いかに困難な時代にあっても，日々成長していく若い世代に，そのような勇気と思慮深さの基礎となる知的な能力を《あらゆる手段を通じて鍛える》機会を提供することは，次世代を若者に託す大人にとって《免れえない責任》でありましょう。

2. 世界的な危機の時代

2.1 2019年までに見えていたこと

　2つの大きな世界大戦とそれに続く冷戦と紛争の世紀であった20世紀を終えようとしていたときに，「ベルリンの壁の崩壊」事件に平和な新秩序の到来を予感した人々は，私も含めて，21世紀は，平和な高度知識基盤社会として，生命科学，情報科学を含め，新科学の輝かしい展開の時代となると期待しました。しかし，その後の世界史の展開は，明るい希望の時代が簡単にやってくるのではなく，それを実現するためには，これまで以上に慎重で粘り強い努力が必要であることを示しています。

2.2 2020年になって突然見えたこと

　COVID-19（2019年型コロナ・ウィルス感染症）の名前で世界を震撼させたウィルス感染症の大爆発は，わが国でも2020年2月頃より一般の人々の話題にも上がり始め，3月中旬にはその猛威への対応の遅延を批判されていたWHOからも，明確な警鐘が鳴らされ，日本ではそれを待っていたかのように，「不要不急の外出

の自粛」要請から政府の「緊急事態宣言」の発令まで進みました。いまも新規感染者は続いていますが，幸いわが国では，諸外国に比べると，感染者数の中で重傷化する患者，特に若年層の重症患者の割合が低い状態が続き，学校活動を含め多くの活動が再開されました。

　しかし，今回の，正式には SARS-CoV-2（severe acute respiratory syndrome coronavirus 2，重症急性呼吸器症候群コロナ・ウィルス 2 型）と命名されたこのウィルスは，遺伝子複製の際の校正機能を含め，さまざまに厄介でしかも強い感染力を保ちつつ，突然変異を重ね，重症化する宿主（患者）を選びながら，国際的には依然として猛威を振るっており，グローバル化と格差拡大の進む現代社会では，わが国もこれで「峠を越えた」と判断することはむずかしいでしょう。今回の騒動で大きな被害を受けた飲食，旅行，芸術などの分野の活動はもちろん，学校も警戒を続ける必要があると思います。

2.3　しかし，子どもにとっては

　この騒ぎで，子どもたちが教育を受ける権利が，そしてその権利を国家が己の義務として保証する《義務教育》という民主主義社会を支える基本理念が危うくなったことは，空前絶後というべき事態です。つまり，それだけ今回の疫病の蔓延が厄介な大事件だということです。

　しかしながら，誰にとっても，子ども時代は二度とない貴重な時期であり，とりわけ，はじめての学校生活を経験する《小学生時代》，少年少女時代から思春期の青年として本格的な自立への目覚めの時期である《中学生時代》，そして一人前の大人に向かっての最後の飛躍を準備する《高校生時代》は，いずれも人間的な成長のために欠くことのできない，とくに貴重な日々です。文字の読み書きや数の計算は，小学校時代に習得しないと生涯，習得しにくい，人生の準備となる重要な基本中の基本ですし，中学時代に経験する，少し複雑な漢字を含む文章の読解力や，いくぶん抽象的な記号を使った普遍的な言語としての数学との最初の接触経験は，その後の知的な生活力を規定するといってよいほど重要な基本でしょう。学校教育としての一応の完成に向かう高校での勉強は，多くの人にとって**現代文化の基本的な広がりの全容を瞥見する**，ほぼ最後の機会であり，半分以上の人々にとっては，**現代文明の根幹を支える基盤的な知である数学との**，実際上，**人生最後の出会いと格闘の場**です。前に触れたように，それはいかなる事情があっても犠牲にされてはいけない子どもたちの基本的な権利であり，それを保証する

のは大人の義務なのです。

2.4　生徒にとっての学校の意味

　もちろん学校生活には，教科の学習以外に，さまざまな課外活動を含め，多くの豊かな経験の機会が待っています。しかし，カリキュラム上の「勉強」は，ともすれば「受動的な忍耐の時間」になりがちで，それに比べると，課外活動（exra-curricular activities）は《自発的な努力や創意工夫》が求められ，その《結果が誰にもわかるように出る》ので，より魅力的に映るであろう，中学／高校の生徒たちが少なくないことは，残念ながらよく理解できます。

　それは標準の「教科の勉強」（curricular activities）が，自発性も創意工夫も期待されない，単なる「知識の受動的な暗記」に陥る傾向が強いからでしょう。しかもその退屈な忍耐の結果が，「自らの学力では合格できないかもしれない大学入試の合否結果に影響を与える」ということだけでは，よほど良い先生にめぐりあうという人生の好運に恵まれない限り，その教科に興味をもつことすらむずかしいと思います。

2.5　忘れられがちな教科のもつ人生における意味

　しかしながら，単なる平板な知識ではなく，そのような知識を有機的に活用するダイナミックな知性の有無が決定的に重要である 21 世紀社会の中で，自発性と責任感をもって指導的に生きるためには，大学での専門的な知識を広い教養の中で活かすための基礎的な知識を高校までに身につけることが必須であり，その重要性は，多くの子どもたちが想像しているよりもはるかに大きいのです。

　実際，いわゆる文系学部に進学する場合には，若干の例外を除けば，理科に関する基礎知識（たとえば発電の基本原理，遺伝子と DNA/RNA，地球の温暖化と寒冷化, etc.）や，数学に関する基礎知識（総合幾何と解析幾何，三角／指数／対数，微積分, etc.）については，試験が終わればそれっきりとなるような，表面的な学習だけで終えてしまうことが少なくありません。しかし，これらは，現代を生きる上で必須の教養であり，いかなる職業に就こうとも，このような最小限の教養がなくては一人前の現代人として生きていくことができない，といっても過言でありません。実際，大学生になってから，あるいは社会人になってから，高校までの数学の復習からやり直す決心をする人が少なくないという現実を考えれば，目先の目標を達成するためにこれら必須教科の学習を等閑にすることは，賢

明な人生設計とはほど遠いといわなければなりません。

　いうまでもなく，理系学部への進学を決心した学生が歴史や政治経済に関して最小限の常識を踏まえていなくては話にならないことも間違いないことです。しかし，理系学部の学生の場合の無知／無教養はあとで補っても何とかなるという程度のことしか文系志望の学生の学校段階での教養もたかが知れているという，情けない事情もあって，やはり深刻なのは，文系志望の学生の理科，数学の基本的な素養の有無ということになります。

2.6　学歴という庶民信仰

　そもそも，社会人の方であればよくご存知の通り，日本はすでに，「一流大学卒業」の肩書きが生涯にわたって通用するような戦前型の学歴社会ではなくなっています。むしろ，《社会人としての実力勝負の下剋上社会》になっているのです。社会人として働いた経験のない人だけが，いまだに，中国・韓国の「科挙」制度の歴史を踏襲した，明治維新以来戦前まで続いてきた日本社会の伝統が継続していると信じ込んでいるのだと思います。この劇的な変化は，高級官僚の世界ですら最近では例外でなくなっていることを考えれば明らかであると思います。

　難関大学の合格が，勉強の目的であるはずもありませんが，目標と思われていた時代も終わったのです。むしろ，欧米諸国と同様，日本も，本当の競争は大学卒業後になっているのです。大学卒業後の競争力をつけるために，単なる古典的学歴ではなく，高校以下で身につける《学びの基礎と学びへの姿勢》が決定的に重要になっているといってもいいでしょう。

3.　COVID-19 禍のもたらしたもの

3.1　茗溪学園の実践報告を聞いて

　たまたま，私が責任者をしている数学教育関係の NPO 法人 TECUM© の定例研究会で，茗溪学園に勤務する 3 人（谷田部篤雄，磯山健太，新妻翔の三教諭）の会員から，とても感動的で衝撃的な実践報告を聞きました（より正確には，査読の関係から，私自身は機関誌委員長とともに，他の一般会員より逸早く第一次稿で報告内容を知ることができておりました）。

　その報告によると，通常の形式の授業ができないことが見え始めてきたときから，直ちに telework ならぬ telelecture（学校での表現は「オンライン授業」）体

158

勢へと全体的に移行して，自学自習を基本とする教科指導への移行を実践してきたこと，それが可能になったのは，新しい方向への教員の自発的な試みに対する経営陣からの賛同と支援，そして技術サポート・チームの全面的な協力が得られたことも大きいこと，そして，それによって生徒の学習の効率が低下するどころか，自発的な学習スタイルを通じて，むしろ，数学のより深い理解が実現している，ということでした。

　それまでも自宅での予習を勧めてきたのですが，生徒たちも教員も，予習という学習の具体的像をもってその意味を語り切れていなかった。ところが，オンライン授業になって，教員の用意した数学的な理解の深浅を問う質問に答えるため，生徒が自分自身で教科書を読んで，自分自身で試行錯誤的に考え，自分の数学の理解を深める――これを私は昔から《数学する》という動詞で呼んできたのですが――という経験の意味に自ら目覚めた，ということでした。そして，これこそが，私が長年にわたり願ってきた教育現場の本来の姿でありました。詳しくは，本書所収の3氏の論考をお読みください。

3.2　なぜ非常事態を待たなければならなかったのか

　なぜ，こういう数学教育本来の姿が，これまで現場で実現できなかったのでしょうか。

　その背景には，複雑に絡みあっているいろいろな要因があるのですが，最も直接的な要因として指摘できるのは，「とりあえずの成績」を確保することを求める[1]生徒の「ニーズ」に応えることが教員の使命であると考える，卑俗な「市場主義」が数学教員の中にも蔓延しているという現実があるのだと思います。数学が「深くわかり，面白いと感ずる」ようになることより，とりあえず目先の数学の試験で良い成績が取れることを優先する，**子どもたちの置かれている教育環境の貧困**が，さらに貧しい数学教育を生み出し，その結果として，生涯にわたって続く思い出となる《数学の理解と感動の機会》と《多様な進路の可能性》を子どもたちから剥奪するという《貧困の連鎖》が続いてきたということです。

　この負の連鎖を逆回転させるには，数学的に圧倒的な実力を有する教員の輩出以外には当面の希望がないと思っていたのですが，上の報告を耳にして，私は，心

---

[1]　子どもたちはいかなる先入観ももたないのですから，正確には，「教育を通じてそのように考えるように誘導されている」というべきであると思います。

が揺さぶられました。

　絵画や音楽と同様，最小限それなりにまとまった数学を体験する以外には数学の面白さに目覚めるという奇跡は起きるはずもないのに，数学を習得＝暗記しやすくしようとしてストーリーがわからないほどバラバラに切り刻み，結果として，悪意なく《死んだ数学》を強制していることに気づかないほどにまで学理と乖離_{かいり}してしまった数学教育の現状を，大きく変革する希望が，コロナ禍の先に，《自宅での自学自習重視》という形式を通じて見えたと思ったからです。数学は，教員が1時間で上手にまとめる「例題の解法の解説，練習問題を通じた模倣を通じた解法の暗記」よりはずっと息の長いストーリーを読解する努力を学習者に求める以外には，数学の魅力を伝える方法が存在しないことが，外的な力を借りて証明されたと思ったのでした。

4.　Open Learning という思想

　　以下は2009年度日本数学教育学会・春季大会における「総合講演」として「DOLを通じて蘇るべき教育の伝統 —— 数学教育の新しい理想の提案 ——」というタイトルで講演したものを元にしています。原文を大きくいじらないという原則に基づいていますので，これまでの全体と文体が一致していませんが，茗溪学園の実践に筆者が驚き感動した理由が，10年も前に一部の専門家向けの予言として講演していた内容が意外な形で実現したと思ったことであることを共有したいと思い，幾分の修正を加えてここに収録します。

4.1　はじめに

《理想的な数学教育》を語る視点は，いくらでもあるであろうが，

☆　この《内容の豊かな＝生徒／学生にとって勉強しがいのある数学的主題》を

☆　《数学的＝理論的な構成と論理的明晰性を維持しながら》

☆　《楽しく充実して＝各々の学習者の学びの喜びの中で》

☆　《しっかり学ぶこと＝能率の良い確実な知識と数学的体験の獲得》

を，あらゆる可能な手法と手段を活用してできる限り《保証》する，という視点が外されるはずはなかろう。

　これに対して，このような「理想」は，「よくできる生徒」に対する数学教育だ

けを視野においたもので，「学習不適応」の生徒をたくさん抱えた「底辺校」の数学教育はこのようなものではない，という「批判」がすぐに想定できる。

　これに対して，原理的な反批判を，簡潔のために敢えて極論で述べるならば，「学習不適応」の若者を「学習」に縛り付けることにこそ，不道徳な教育の堕落の根源があるのであり，それは，もはや，「学校という名の監獄」，「教育という名のビジネス」でしかない。

　どんなに「できない子ども」に対しても，それぞれに，数学的思索と理解の面白さ，知的な成長の実感をもたせつつ，現代社会を支える科学と技術の基礎とそれに裏付けられる現代的世界観の基礎である現代人のリテラシーを身に付けさせてやりたいものであるし，多くの人が指摘するように，それができないとしても，その不可能性が証明されるまでは可能性の望みを捨ててはいけない。

　もちろん，上の《理想》を理想的に実現する条件は，容易に整備できるわけではない。筆者が掲げるのは，そのような理想の実現に少しでも接近することを忘れてはならない，というだけのことである。

　しかるに，数学教育の現状は，

★　数学の基礎概念の理解や定理の証明はさておき，教科書はさらっと終わらせて，

★　受験やその模擬試験で課される「応用問題」を解けるように指導するために，

★　できるだけ多くの「過去問」とその解法を暗記させ，その知識が活用できるような「実戦的な反復練習」の機会を《保証》する

ようなものになっており，それが「受験のために」，ある人々は"極めて有効である"と，またある人々は"やむをえない必要悪である"と考えているようである。

　筆者から見れば異常としか表現しようのないこの「現実」を直視するところから出発したい。

　これは，眼前に展開している，という意味の現実，というだけではなく，「有能な数学教育実践家」の《信仰箇条》(credo)，あるいは，人々の心の中にあまりにも深く入り込んで，それを反省的＝批判的に見つめることそのものができなくなっているという意味では，まさに《現代日本の数学教育のパラダイム》になっているといってもよい。

　もちろん，このような傾向を嫌い，「真の数学教育」を希求する勢力も存在している。機械的な drill & practice を否定するために，「グループでの協働」や「調

べ学習」のような activity を大きく取り上げたり，正解が「唯一」でないという意
味で，open な問題を数学の学習の中心に置くような努力は，その典型であろう。

　しかしながら，受験の風圧を駆動力とする一般的な世間の雰囲気の中にあって，
それらは「受験に役に立たない」あるいは「競争的な学力の養成に繋がらない」と
いう批判を撥ね除けるだけの優位を確立しているようには，筆者には見えない。
実際，もしこのような新しい教育スタイルが，数学教育として，より実質的，よ
り効率的であるとすれば，その当然の帰結として，「受験対策」としてもより有効
であるはずだから，受験対策に「目を奪われている」現場にまで普及するはずで
ある。

　だが，実際にはそうなっていない。だからこそ，「真の数学教育」が「受験があ
るために」実現しないと「総括」されるのではないだろうか。

4.2　カリキュラムの構成

　《内容の豊かな＝生徒／学生が，夢中になって取り組む，勉強しがいのある新し
い数学的主題》の選択と構成に関しては，過去数十年の間にいろいろな研究と実
践が蓄積されてきた。

　しかしながら，日本全国津々浦々の学校で，《金太郎飴的な一様性》を保証する
抜本的に新しいカリキュラムの構成案を実現することは，進学率の向上，学習環
境，家庭環境，教師の学力と力量の多様化という社会的な変化を通じてますます
困難，ほとんど不可能になってきている。

　このような状況の中で，「与えられた制限時間の中で，何かを選べば何かを減ら
さなければならない」という教育への責任感は極めて重要であるものの，楽しい
学習のしがいのある数学の主題なら，なにをいくら勉強しても教育的に明確な意
味がある，という基本原則に立つのであれば，他の主題の学習を《排除》する帝
国主義的強権発動が起こりえないような社会的しくみさえ用意できるならば，そ
してそのような状況の下でこそ，学習指導要領という教科内容を縛る法的拘束は，
真の意味での required minimum として学校教育の品質保証の基準になりうると
はいえよう。しかし，日本的な文化と歴史を考えるとき，このような理想を述べ
るときには，それが机上の空論であることを覚悟する必要がある。いいかえると，
日本の行政に，理想の国定カリキュラムを期待するのは本質的に無理があるとい
うことである。

4.3 《数学》教育の復活

　数学も蓄積的な学問の一つであるから，記憶が学習の中核にあることは，当然である。最近の数学教育が問題解法の暗記中心になっているということは，理解を犠牲にした機械的な丸暗記ばかりになっている，ということである。微分の概念を理解しないまま微分の計算や増減表を作る，というような計算主義は，いまや古典的である。それどころか，最近は，多項式の展開公式や三角関数の加法定理，対数の法則といった基本定理の意味や証明すら怪しいまま，「高級な」「実戦的」「過去問」の「演習」に明け暮れる傾向が深まっている。

　ある分野の国家試験のような，断片的な知識の有無や正確さを問うようなものであるとすれば，これもやむをえないのかもしれないが，数学の場合，そのような勉強法が純粋に非効率であることは，自明ではないだろうか。

　「理屈はさておき，体で憶える」ような《暗黙知》が決定的に大きな役割を果たす《技の世界》の存在に敬意をもつことは重要であるが，数学は《論理 = logic = λόγος = 言葉》が支配的な役割を果たす分野であるからこそ，時代を貫いて学校教育の中で特別の地位を享受してきたことを忘れてはなるまい。数学教育が，理論的な構成や論理的明晰性を捨てたら，もはや《数学》の教育ではない。

4.4 学習の喜び

　「子ども（人間）は，本来，勉強が好きなものである」という命題を，多くの人が忘れている。しかし，小学校1年生の希望に輝く笑顔を思い出せば，この命題は自明なはずである。しかるに，多くの子どもたちは勉強が次第に嫌いになる。要するに，学校教育の経験を通じて，いいかえれば皆が寄ってたかって，子どもを勉強嫌いにしているということである。

　なぜ，子どもが勉強を嫌いになるのか？　それは，興味がもてないものを，無理やり，いやいや，強制されているからである。

　そこで，多くの教師や親は，なぜ勉強をしなければならないかを説明して合理的に説得しようとする。曰く「数学は，……のために役に立つ」，曰く「数学をやっていないと，……となってしまう」，……。

　しかし，好きなものをやるのに理屈はいらない。子どもたちは，有用性をまったく知らないまま，漫画を読み，ゲームやスポーツに興ずる。数学の勉強が興味をもてないのは，《何をやっているか，まったくわからないので面白くない》からに違いない。

　しかし，数学は本来は楽しい。小学校低学年すら楽しいと実感できるような主題に溢れている。だからこそ数学教育は重要なのである。

　しかるに，硬直したカリキュラムでは，「余力」ある小学生が，意味の乏しい「難問」に「発展」していってしまうのを防ぎ，自分の「興味・関心・意欲」によって豊かな数学の世界を先に進んでいくことができ，またそれが評価されるように，学理に基づいて絞りに絞った required minimum と，真に弾力的で知的な教育システムが構想されるべきではないだろうか。

4.5　知識と体験

　蓄積的な人類の知は，世代から世代へと確実に伝達されていかなければならない。しかし，歴史の蓄積，人口の増大によってますます蓄積速度の高まる知識，そして，蓄積された知識の活用の革命的変化の中にあって，伝達すべき知識を最小限に整理する努力は極めて重要である。

　子どものために，《あれもこれも》ではなく，本当に必要な少数を選んでやることは大人の思いやりと責任である。教育現場に立つ教師は，《あれかこれか》のような，まさに実存的個人の孤独と責任を自覚すべきなのではないだろうか。

4.6　Openness という教育思想を日本の学校教育に

　「学而時習之不亦説乎」(『論語』冒頭) ではないが，「勉強」というより，「学習」こそが重要であること，教育の基本が，従来いわれてきたような知識の情報伝達ではなく，自ら学ぶ方法を教えること，to teach how to learn であることを鮮明に打ち出したのは，UK の The Open University が最初である。以来，face to face の従来型の (conventional style での) 講義での教育の非効率・不可能・諸困難から出発して，新しい media の《活用》も視野においた新しい教育＝学習スタイルを提起し，それが国際的に大学の教育改革の大きなうねりを産んでいる。「板書を使った」，「大教室での」，「一方通行の講義」から，「デジタル技術を活用した」，「一人一人のための」，「双方向的な」**自学自習支援型の教育**によって performance の高い教育をシステムとして実現してきたからである。かつての通信教育から出発した遠隔教育 Distance Education が Distance and Open Learnig (DOL) として，最近は Openness に力点をおくために Open and Distance Learning (ODL) として，教育の新しい規範を提示している。

　それは，学習者の利益を最優先するために，教室，単位認定という，密室に閉

164

じこもることで生き延びてきた従来の教育のもっていたすべての《閉鎖性》,《既得権益性》を, 講義の公開, 科目ごとの教科書の制作と公開, 試験問題の公開, 正解の公開, 講義ごとの必要知識水準の公開, 講義の達成目標の公開, 各科目に対する外部評価の公開など, あらゆる《公開性》Openness を通じて打破することで,「墓場よりも移転がむずかしい」といわれてきた大学という超保守的な世界にもちこんだ《開かれた競争による切磋琢磨》という思想が, 学生募集でも, 卒業生に対する社会的な評価でも[2] 大きな成功をもたらしてきている。

　学問的な研究活動こそ大学の死命線として,「学問の自治」の歴史と伝統を知らない外部からの批判から内部を守ってきた大学においても, いささか強引にも公開性と競争原理をもちこむことで納税者への説明責任を果たすという,「現代社会における大学」という立場の認識が大学関係者に共有されていることは印象的である。

　残念ながら, わが国では, 大学はもちろん, 高校以下に関しても, 少子化社会に向けての生存競争は意識されているものの,《教育の公開を通じた教育の質の向上》という最も重要な本質的戦略性を鮮明に打ち出している学校はいまだにほとんどない。

　公開されない教室内での成果を問われない講義・授業体制の継続を日本で可能にしているのは, 構造的には, 自ら学ぶことを知らないまま「成長」してしまった生徒・学生であり, 表面的には, 大学設置基準や学習指導要領, 検定教科書という岩盤規制での庇護, 実質的には, 少子化の進む中で統計的比較の意味を失っている「進学実績」の幻想にしがみつく, 学理と教育に自信のない教師たちであると思う。

　日本の若者の英語力が多少なりともまともなレベルにまで向上したら, 開国を迫られる日本の学校はひとたまりもあるまい。「黒船」は, アジアの主要国にはすでに来ているのだから。

---

2)　UK などヨーロッパ諸国を中心として, どこかの国の学位授与と一緒になった形式的／機構的／国内行政的な大学評価ではなく, ランキングが公表されるかなり厳しい大学評価制度が定着しており, 中でも卒業生に対する社会的評価は, 大学在籍を通じて獲得された能力の向上として, 大学評価の大きな基準の柱となっているようである。

私が考える
《理想の数学カリキュラム》像

1. 前提条件

　人は誰も，人生でたった一度しかない，まさにかけがえのない貴重な「子ども時代」「青年時代」「青春時代」を，人生を生きる文字通り基礎となる多くの出会いと経験を通じて成長していく。文芸作品や芸術作品との出会いとその感動，創作の苦難と完成したときの充実感，スポーツの汗，特に困難を克服して「できるようになることの自信」，……。いずれも，幼い時代，若い時代のこのような思い出は，その人の一生にわたって，それぞれの分野における偉大な作品，偉大な成果を尊敬するための，いわば教養の基盤となるものであり，若い時代にこのような教養に接する機会を失うと，成人してからそのような教養を一生懸命に身につけようと努力を払っても，なかなか成果が内面化せず，端から見ても，身につけたふりをしているだけで，どこかよそよそしいものである。

　音楽を例に引けば最もわかりやすいかもしれない。少年少女時代からの音楽体験は，生涯の宝となるものである。演奏の技法，たとえば楽器の弾き方は，敷居の高い演奏技法の世界のなかでは最も普及した教養となっているが，成人してからの勉強では，技法の表面を追うことだけで精一杯で，なかなか楽譜の解釈まで進める人は少ない。

　子どものときに身につける最も平凡で最も奇跡的な能力は，言語能力である。日本人であれば「私が育てていたアサガオの紫色の花が今朝咲いた」という文章をやすやすと読解できるだろうが，語句の順番をちょっと変更しただけの「今朝私が育てていた紫色のアサガオの花が咲いた」という文章には微かな意味の違いを覚えるのが，ごくふつうの日本人であろう。「今朝」が修飾する「咲いた」との距離と，一本の茎から出るアサガオの花の色が一般には多種多様であるという常

識とからである。

　少し複雑な文章を句読点なしに《正しく構成する不思議な能力》と《微妙に正しくないものを臭ぎ分けるさらに不思議な能力》は、学校で教えられる文法とか修辞学など、後付けの理屈とは無関係に、子どものころのさまざまな言語体験がもとになって、まったく無自覚のうちに、しかし確実に内面に形成されている《内なる文法》が、一方を正しい、他方を正しくないと判断するのである。

　話は脱線するが、後者のように、間違った表現でも互いに理解し合えるのは、《日本語特有の緩い文法構造》と、そのような日本語を毎日使う中で育まれてきた《日本人特有の緩い他者理解》が背景にあるからである。それが、外国人にとっては日本語を喋るのは簡単だが、日本語を書くのはむずかしい、という感想として現れ、日本人にとっては自分の言語を翻訳して国際舞台で通用する論理を操ることの困難を産む、という根拠となっているように思う。

　このように、教養には、学校などで教えなくても自然に形成される不思議な自然的教養と、楽器の演奏のように、ある時期に集中的なレッスンを受けて育つ教育的教養がある。

　そして、文字の読み・書きや数の計算など基本的な読み書き・計算能力は、英語圏では Read/Write/Arithmetic で 3R's と呼ばれるように、現代社会での必須の教育的教養であり、これらは学校でこそ身につけるべきものであると考えられている。それは自己流の how to ではなく、他者とわかり合える合理的な方法で習得されるべきであるという思想とともに、ある年齢層の子どもたちがもっている《平均的な成長度合い》に合った《共同学習》の効果が期待できるという思想も働いている。学校関係者がよく口にする「発達段階」という用語は、この思想を啓蒙・宣伝する 謳 文句である。

　しかしながら、複雑化に向かう社会の巨大な変化を背景に不可避的にもたらされる、子どもたちが学校生活時代に身につけるべき経験の多様さと、子どもたちの成長の偏差（子ども一人一人の成長の度合いの分布の広がり）の拡大のゆえに、わが国ではすでに小学校高学年の時期に、一斉授業が成立することの困難さが見えはじめる。それが中学段階ではさらに鮮明に問題化し、さらに高校段階では、問題が表面化し肥大化するのを多様な学校の共存という形で回避してはいるものの、実際は同一の「高等学校（総合科）」という名称で一括して括ることは不可能な状況にあることが、誰の眼にも明らかになってきている。

　そんな日本の学校の中に存在する複数の教科は、それぞれより充実した教育を

実現するためにより多くの授業時数を競り合う状況にある。しかし，子どもたちに許された時間の全体を考えれば，英会話など国際化に向けての新規科目の増設まで上からの決定で決められてしまうのであるから，そのなかで既存教科の充実と現代化に向けて変更できることは，他教科の時数削減か，自教科内の単元の組み換えでしかない。

2. 理想のカリキュラムは存在しうるのか

　以下，我々の最も深い関心を寄せる昨今の数学教育に関してであるが，紙数の関係から結論的に述べるに止めざるをえないので，一方的な結論を断定的に述べているという素朴な非難は相手にしないという覚悟をもって述べる。

　数学のカリキュラムはいま，危機を迎えている。その最初のきっかけは，数十年前の国際的な「数学教育の現代化」運動 (New Math Movement) のみじめな敗北である。これ以降，極度の形式的な暗記主義が横行するという現状を打開するために，行政は，数学カリキュラムについて，「内容の縮減」という大胆な政策を断行した。しかし，これに対する世論の猛反対に押されて，その後はカリキュラムの見た目上の手直しが進行している。

　数学に関していえば，社会の基盤的な生産・流通のシステムを基礎から変革する情報関連の技術が，革命的なスピードで発展している時代への対応，とくにInternet の普及を牽引力とする Big Data を活用した AI などの数理を視野においた「新単元」の組み込みという改革努力がなされてきた。しかし，諸外国では小学校段階で終えている基本中の基本までも高校数学で扱わざるをえない，という文教行政の硬直した一貫性のために，現実の政策として実装される学習指導要領では，過去の「実績ある」履修単元を名目的に維持しつつ，ほとんどすべての単元において，履修内容の軽量化＝貧困化が進行してきたにすぎない。

　ここ数十年の学習指導要領の改変の歴史は，このような大きな外圧の中で整合性を保つために最小限の抵抗で実現できるように，文字通り《小手先の改良》が繰り返されてきた。その結果，学習指導要領は，ごく限られた「業界人」でない限り，そんな些細な改訂にいかなる教育的な意味があるのか，不審に思う人が多いのが実情である。「統計的な考え方」や「推計の考え方」などの新単元の導入や，複素数平面など旧単元の復活の結果，数学 II における微分・積分の軽量化（4次以上の関数の排除，体積の排除），空間ベクトルの扱いの軽減，「行列と一次変換」

168

の廃止といった，数学的には些細な，現場にはそれでも大きな混乱のもととなる変更があっただけであった。

　そして，重要なことは，良くいえば繊細な，悪くいえば小手先の，このような改訂が反復されていくとしても，日本全国の普通科高校の多様な学力層の学習者，教育者に最適な最終案へと収束していくことは，決してないに違いないということである。

　しかし，冷静になって考えてみれば，理想のカリキュラムを，約 10 年周期に行事化した学習指導要領の改訂に求めることは，当面の状況の下では不可能なことなのだと，私たちは眼を覚ます必要がある。

　主要なものを列挙するだけでも，第一には，同一のカリキュラムを学んで，同一の試験で，全国的に公平な評価が達成できるという「全国一律の教育の品質保証」という戦後文教政策を支えた理念の大柱を守ることに抱く行政の使命感，第二には，価値観の多様化という大きな社会的な変化の奔流に対して求められるときどきの ad hoc な対応との整合性をとる政策決定の必要性，第三には，「高学歴」化・少子化が進んでも，依然として，戦前・戦後の古典的な学歴願望を残す一般社会のしぶとい伝統の中にあって，国際的に見て，低学年での教育効果の高い評価とは対照的に極度に低い高等教育の達成度，第四には，広告と宣伝が支配的な力をもつ自由主義経済の市場主義が教育の世界にも入ってきている現状の矛盾の拡大を防ぐための工夫など，文教行政を取り巻く問題は多種多様で，それぞれへの対応に従来以上の首尾一貫性を求められつつ，国際性，創造性といったキーワードをうまくはめ込む作業は絶望的に困難である。

　現在の学習指導要領の最大の問題は，数学の場合でいえば，その指導要領を守って作成され現場で受け入れられる教科書が，「重要用語」が消化しきれないほど盛り沢山で，その結果として，どの単元も，学習しがいのある内容が貧弱化してしまうという逆説的な構造的問題である（学習用語が増えるのは，「あれも教えたい」「これも知らないと困る」という学習者の学習の負担以上に学習の利益を優先する「善意」の配慮にある。他方，決められた授業時間の枠内で消化できる数学的内容の分量の限界を考慮して，内容を貧弱に映らない程度に薄くするという，現場関係者の「教育的工夫」の結果でもある）。

　素人にもわかりやすい最も典型的な例を挙げれば，対数関数の扱いである。対数が誕生した背景には「計算の負担を減らす」という思想的な動機があったのだが，それが最近の教科書の中で扱われることはまったくないといってよい。しか

し形式的な「対数の計算法則」だけでは説得力がない。携帯電話にさえ高級な電卓が実装されている現在の状況から見ると自然な話であるが，学習者にとって奇妙で新奇な対数を学習する意味を理解させるために，「計算尺」や「常用対数」が全く欠落したところで，しかも微積分法との関連もなしに（⇔数学的な理論的意味に立ち入ることなく）対数を教えることが，あるいはまた，逆関数についての理論的な理解を欠落させたまま，指数関数の逆関数として対数関数を導入することが，いかに馬鹿馬鹿しい現実を産むか，この30年ほどの教科書の歴史はその悲惨さを証明している。

　昨今の検定教科書の対数に関する計算的な問題は，対数関数についての2次方程式，2次不等式，2次関数など，単なる対数関数と2次関数の合成関数の問題にほぼ限られている状況である。他方，逆関数の意味がわかっていれば自明な関係である

$$\log_a a^x = x, \qquad a^{\log_a x} = x$$

が「重要公式」として証明問題になっていることも，現状の対数教育として典型的である。その結果，「対数を知らないと，地震のマグニチュードやアルカリ性・酸性の pH もわからなくて困る」というまともな意見は，結果としては無視され，理論的には自明な「問題のための問題」だけの空疎な単元となっている。宇宙の歴史，あるいは，太陽系の歴史を対数尺をとって表示するという程度の対数の考え方の有効性を示す基本中の基本すら，学校数学から欠落してしまったのである。

3.　理想のカリキュラムは無数に存在しうる！

　このように理想的なカリキュラムを構成することが困難であるのは，教育の均一性の担保という行政的な縛りが強すぎるためである。ただ，行政のために弁解するならば，戦後に関してだけでも，行政が高校カリキュラムを複線化する構想はいろいろとあったにもかかわらず，それがことごとく国民から拒絶されてきたのである。いまも数学 B という科目に残る選択単元がそれであるが，行政の提示したオプションに対する国民の強い拒絶は，選択肢が，長年にわたって経験済みの，よくこなれた話題と真新しい単元とで提示されるという行政側の読みの甘さの必然的な結果にある。そもそも選択制度は，「どっちもどっち」という公平な選択肢を提示してこそ意味がある。そして個人の一生に影響を与えかねない選択を

学校単位で強制的に行うということに対しては，基本的人権が絡むむずかしい問題もある。この程度のことを考えるだけでも，戦後のすべての複線化構想がことごとく失敗してきた理由は自明である。

　理想のカリキュラムを設計する上で，民主主義社会では以下の原則を守らなければならない。

- 豊かな才能と大きな努力が期待されるコースから，平凡な能力の若者でも自信をもって生きて行くために必要な最小限の学力を保証するコースまで，数多くのコースが選択できるべきである。
- コースの選択は，学習者個人の権利に属するものであり，学習者が，学習の経過で別のコースに乗り換えたいと希望したときに，できるだけ弾力的に乗り換えの権利と乗り換えに要する学習時間の余裕が認められるべきである。
- コースの選択の自由度と乗り換えの容易さのために，それぞれのコースは学習者の希望と責任に沿って，設定されるべきである。いいかえれば，tailor-made curriculum という教育の理想の実現に向けて，**可能な限りのあらゆる弾力性**を想定すべきである。

　以上と並んで，数学という教科の特性も考慮したい。数学では，とりわけ「一度わからなくなると，ずっとわからなくなってしまう」という《階梯性》の問題がある。数学がその内容を論理的に整理して構成する以上，この《階梯性》は，一般には，数学学習の不可避の困難と考えられているが，わからなくなったら何度もしかるべき学習箇所に戻って再履修する機会が保証されるならば，階梯性はむしろ理解を確実に蓄積することができるという，学習の長所に転化しうることが忘れられている。その階梯性が学習者に明確に共有できるように，全体を可能な限り，ある程度大きなブロックに分割し，学習者のいま学習している位置が各ブロックの中での精密な情報としてわかるとともに，各ブロックが構成する全体の大きな学習体系の中で概括的な位置として把握できることが大切であると思う。

　数学には，《類似した主題》の《論理的な発展》と《方法論的な飛躍》があり，他方，《表面的には無関係に見える主題》の《深くに潜む本質的な類似関係》もある。学習者の（もしかすると教育者の）理解の容易さ／難解さという視点から，学年進行で構成されてきた従来の官製学校カリキュラムに対し，その反対に，学習者の履修への意欲と能力，先に進むことへの積極性と理解を確実に固めることへの慎重性の違いによって，学年ではなく個人に応じて，自由に設計・組み換えが

できる，弾力性の高いカリキュラムを設計するために，詳細な理論的展開の分岐情報，巨視的な理論の俯瞰的地図を用意するということである。

　より具体的には，さまざまな主題ごとの，理論的に類似した主題を大きく集めた《領域》(Domain) を，論理的な学習主題のまとまりである《区域》(Segment) 内で，学習者にとっての学習負担を考慮した《学習単位》(Part ないし Unit) に分割することが基本的な思想である。さらに数学の場合，規範的な説明を通じて論理的な理解を蓄積するスタイルと，実践的な演習を通じて結果として理論的な理解を深めるという学習スタイルも重要である。さらに，通常の学習者には学習困難と予想されるものの，余裕のある学習者にむずかしい総合的な問題に立ち向かう挑戦的な経験を保証するスタイルの学習のもつ重要性は，とりわけ，わが国やフランスのように，総合的／創造的な数学的理解力・分析力を重視する文化圏では無視できない。このようなスタイルの違いを，学習のユニットを Domain, Segment, Unit の枠組と併行して設けることで，異なるスタイルの学習の機会を保証するために，それぞれのスタイルに対応したシリーズ (Series) を設けることで，カリキュラムの一層の弾力性が保証されるであろう。

　以上は弾力性を理想とするカリキュラムの全体像であって，具体的なカリキュラムは，この中から自分に合ったものを選択するという方法で，各人（あるいは各教育現場）に合った《それぞれの理想のカリキュラム》が構成できる。これは，従来のカリキュラムのことしか念頭にない人から見れば，各学習者に余計な負担を求めることになるように映るかもしれない。しかし各学習者に《人間としての責任感をもった自立》を促すという教育の全体的な目標に照らせば，むしろ当然かつ自然なことである。論理的理解とはほとんど無関係の幼少期は別として，思春期以降の青年の発達段階を学年ごとに同一視するという従来の方法は，行政のもつ予算の制約の中でしか正当化できないものである。

4．全体図構想

　まずは，中等教育（主として中学，高校）を中心に，小学校高学年から大学初年級までの数学で学習すべき主題を大きくまとめると，以下のような領域 (Domain) にまとめられるであろう。

- 数論／代数領域（略称 AA）

- 幾何／計量領域（略称 GM）
- 関数／変換領域（略称 FT）
- 集合／論理領域（略称 SL）
- 有限数学領域（略称 FM）
- 数列・級数領域（略称 PS ）
- 微積分法領域（略称 BC）
- 微積分学領域（略称 AC）
- 統計／データ解析（略称 SD）

各領域は，複数の学習単位 (Unit) からなる Segment（ないし Block）に分解される。可能性としてはこの分解はいくらでも小さくできるが，カリキュラムとしては，学習者の負担が肥大化しない範囲で，複数の Unit からなる Segment を形成する。

たとえば，AA 領域では，以下に示すように，学習者は意識する必要があまりない 数 (1)〜式 (3) までの 6 つのセグメントからなり，それぞれのセグメント内にユニットが設けられている。各ユニットは，機械的に 50 分の講義に対応するものではなく，学習者にとっての学習への動機づけ，目標管理を意識したものである。

AA 領域

- 数 (1)
  - 数と数字 —— 人類の文化とさまざまな歴史的記数法
  - 近代的な記数法 —— 十進法から p 進法
  - 整数の基本性質 —— 約数・倍数
  - 整数の約数・倍数と位取り記数法
  - 最大公約数と素数, 互いに素
  - 素因数分解と GCM（最大公約数）, LCM（最小公倍数）
  - ユークリッドの互除法
- 数 (2)
  - 分数とその計算
  - 小数とその計算
  - 分数と小数の間に潜む関係 —— 有理数と無理数, 実数の概念
  - 平方根記号と新しい数の計算
  - 近似値, 有効数字という思想

- – 【発展】連分数という道具
- – 虚数，複素数という「存在しない」かに見える数
- – 【発展】高次の複素数
- 式 (1) —— 文字式
  - – 文字式という考え方
  - – 文字式の規約と文字式の基本的計算
  - – 複雑な文字式の簡素化
  - – 文字式の利便性
  - – 文字式の計算の体系化 —— 単項式と多項式，有理式
- 式 (2) —— 方程式
  - – 等式の基礎，等式の同値変形
  - – 1 元 1 次方程式とその解法
  - – 1 元 1 次方程式とその応用
  - – 連立 2 元 1 次方程式の解法とその応用
  - – 連立多元 1 次方程式の解法とその応用
  - – 1 元 2 次方程式の解法とその応用
  - – 【発展】連立 1 元 2 次方程式の解法とその応用
  - – 【発展】連立 2 元 2 次方程式の解法とその応用
  - – 【発展】1 元 3 次方程式の解法
  - – 【発展】1 元 4 次方程式の解法
  - – 【発展】代数方程式の代数的解法をめぐって
  - – 【発展】方程式の代数的解法と定規とコンパスによる作図
- 式 (3) —— 不等式
  - – 不等式の基本性質，不等式の同値変形
  - – 1 元 1 次不等式 —— その解法と応用
  - – 連立 1 元 1 次不等式の解法とその応用
  - – 連立 2 元 1 次不等式の意味とその応用
  - – 絶対不等式の概念と証明
  - – 基本的な絶対不等式 —— 相加平均，調和平均，相乗平均
  - – 三角不等式と Cauchy の不等式
  - – 絶対不等式の実用的な応用
  - – 【発展】距離・内積・ノルム

- 【発展】関数の凹凸と不等式

　他の領域でも，学習者の選択が容易であるように，ある程度細かく用意しているが，ここに列挙するには，あまりに長すぎるであろう。

終わりにあたり

数学学習への情熱とともに大切なこと
―― または，忍耐と寛容の現代的意義について

　本書は，「はじめに」に記した偶然の好運を全国の若者に共有して，「問題の解き方を能率的に教えてもらう」というスタイルの日本的な勉強法を継続してきた方々に，「自ら考え」，「苦しみ悩み」，そして「深く納得する」というスタイルの自学型勉強法の威力を試してもらうきっかけにしていただきたいという願いで書いたものです。

　私は，昔から，「わかる」という動詞には命令形は存在しないといってきました。「わかった！」という奇跡的な体験を待つ以外に「わかる」ことはありえないから，「わかれ」という語法は，文法的にはともかく，教育の場面ではありえないという意味です。その意味で，世界中の多くの数学者と同様に，

　　　自分でいろいろな本を読み，試行錯誤的な迂余曲折を経て，より深い理解
　　　に努めるという学習のスタイルが，数学ではあまりに当然の，数学理解の基
　　　本的な道である

と私も考えています。

　しかしながら，自分がそれまで「良いと信じて実践してきた」ことを根本から変えることは，何ごとによらずむずかしいものです。ある意味で，明示的に自覚されている宗教的な信仰や政治的信念以上に，意識下に潜む，輪郭のぼやけた，明確に信念化される前の，生活に密着した「日々の生き方」のようなものを変革することは，むずかしいのではないかと思います。

　本書の読者の中には，たとえ柔軟な頭の若い人であっても，あるいはベテランの教員であればなおさらのこと，本書で記述されていることは単なる「非現実的な理想論にすぎない」と，反発を感じる人がいてもおかしくないと私は思っています。

　しかしそれは，決して単なる悲観的な諦めではありません。むしろ，私たちが掲げた勉強のスタイルの威力を十分に証明できていないという，私たちの限界に責任を帰すべきであると思っているからです。実際，その威力を私自身が「解き方を教えない奇妙な数学の講義」を通じて証明できていたころには，反発どころか，若者の支持は圧倒的であったのです。

　必要なのは，

- 若者に語りかける努力を継続すること，
- 若者の数学についての誤解や悩みの中に，より深い数学的理解への大きな飛躍の種があることに気づかせること，
- 何よりも，若者を未熟者として上からの「指導」に埋没するのではなく，一人前に成長していく人間としての尊厳を大切にして接すること，
- 若者を人生の「損得の計算」に誘導するという安易な道に走らないこと，
- それぞれの学習者の育った環境，各人の能力／適性／個性の多様性を考えて，若者に目覚めてほしい真・善・美への憧憬へと案内することをつねに心がけること，
- そして，決して「数学的真理の名において」教条的に，一律に指導するのではなく，忍耐強く理解を待つ patience & tolerance を忘れないこと

などではないかと思います。

　迅速に成果を上げることも大切ですが，それ以上に重要なことは，若い世代の人間的成長という教育の最重要目標と，人間という愚かな存在のもつ哀しい性を両眼で見つめて，長期的視野で，新しい運動への共感の輪を広げることであることを忘れないようにしたいと思います。そして，このような原則を倫理として，学習者が，単純な数学のもつ意外に深い魅力に気づくまで，数学的な理解の興味つきない姿をダイナミックに示し続ける，具体的な工夫が大切だと思います。

　そのような工夫を通して語られる数学的世界の話題を通じてなら，生活信条を超えた相互理解という困難な課題が，意外に簡単に達成できるのではないかと願っているのです。

　学習での「眼から鱗」の経験を契機に，若い学習者たちが，卑俗な損得を超えて，人間として生きる意味を考えるような知的な大人に成長してくれることを願って教育に励み，そうして成長した「昔の生徒」といつか大人どうしの会話ができることこそ，教育に携わるものだけに許される特権的な醍醐味ではないでしょうか。

　これに関連して，TECUM という組織について，最後に一言触れさせていただきたいと思います。

　これは，日本全国に広がった「解き方を教え込む」という安易な数学教育の流れに抗して，真剣な実践をしながらも周囲の無理解から孤立を余儀なくされている教員の皆様を少しでも応援したいと願って作った，より良い数学教育実現のための運動体です。主として，「平板な基礎知識の正確な定着」が唯一の教育目標となることの間違いを指摘すると同時に，初等的に映る学校数学の中に存在する《意外に深遠な世界》を明らかにするために，いまは年に4回の研究会「TECUM 数理教育セミナー」を組織しており，そこで発表される教育の問題点を，数学的・論理的に，また学習者の視点を考慮して実践的に議論し合い，そして，哲学的な厳密性と歴史的な視野を背景において論ずる論考を集めた『数理教育のロゴスとプラクシス』を発行することが重要な業務となっています。その他，自身は数学教育に関わっていないが，教育の現状に疑問をもって TECUM の活動を支援してくださる賛助会員を含めた会員全体の交流紙として "TECUM Letter" を隔月で発行しています。関心をもってくださる方は https://www.tecum.world/ にアクセスしてください。あるいは事務局 tecumoffice @ flexcool.net にご連絡ください。そして，数学教育の改善のための仲間の輪に加わっていただきたいと思います。

　本書の実現は，『茗溪三人衆』と私が呼んでいる磯山健太，新妻翔，谷田部篤雄（あいうえお順）という，大学で触れた現代数学が好きで，中学・高校の数学教育がさらに好きな，同世代の三氏が同じ学校内に共在しているという奇跡的な好運，しかしその奇跡の見えにくい背景にある，この奇跡を実現した宮﨑淳副校長を擁する茗溪学園の経営陣の存在によります。

　茗溪学園には TECUM の賛助会員となってくださっている，博識で弁舌爽やかな国語科教諭勝田公之先生をはじめとする応援団も，数学科を超えて存在します。このような応援勢力の存在は，控え目ながら実力の高い技術的なサポート・チームの存在と同様，じつはとても大きい意味をもっていると思います。

　最後になりますが，論考をお寄せくださった宮﨑先生，磯山先生，新妻先生，谷田部先生をはじめ，ご協力をいただいたすべての関係者に深く感謝したいと思います。とりわけ，この運動の大切さを全国の若者のために出版しようとおっしゃり，本書の実現に向けて企画・構成・査読でご尽力いただいた亀書房の亀井哲治郎氏，お忙しい哲治郎氏を激励しつつ技術サポートに惜しみなく尽力くださった

178

英子夫人にも深く感謝させてください。茗溪学園の IT サポート・チームが作ってくださったビデオ・ファイルから，AI 技術を使って自動的に行わせた文字起こしに含まれる膨大な数の自明な間違いを修正してくださった TECUM 事務局長の高田順江氏のご貢献がなかったら，遅筆な著者による本書の発行はもっと遅れていたことでしょう。そのご尽力には適当な言葉も見つかりません。

　最後の最後に，かつての東京高等師範学校の教育界への輝ける指導性の現代への復活ともいうべき，茗溪学園で始まった数学教育の新しいスタイルを全国化するという TECUM プロジェクトの今後に，暖かいご支援，ときに厳しいご批判を賜ることができれば幸甚です。

　　2020 年 9 月 15 日

NPO 法人 TECUM 理事長
長岡亮介

●著者プロフィール

長岡亮介 (ながおか・りょうすけ)

1947 年　長野県長野市に生まれる。
1972 年　東京大学理学部数学科を卒業。
1977 年　東京大学大学院理学研究科博士課程を満期退学。数理哲学，数学史を専攻。
その後，津田塾大学講師・助教授，大東文化大学教授，放送大学教授を経て，
2012 年–2017 年　明治大学理工学部特任教授。
現在　意欲ある若手数学教育者を支援する NPO 法人 TECUM (http://www.tecum.world/)
理事長。

主な著書：
『長岡亮介 線型代数入門講義 —— 現代数学の "技法" と "心"』，東京図書，2010 年。
『数学者の哲学・哲学者の数学 —— 歴史を通じ現代を生きる思索』共著，東京図書，2011 年。
『総合的研究 数学 I ＋ A』『総合的研究 数学 II ＋ B』『総合的研究 数学 III』』，旺文社，2012,
2013, 2014 年。
『東大の数学入試問題を楽しむ —— 数学のクラシック鑑賞』，日本評論社，2013 年。
『数学再入門 —— 心に染みこむ数学の考え方』，日本評論社，2014 年。
『関数とは何か —— 近代数学史からのアプローチ』共著，近代科学社，2014 年。
『数学の森 —— 大学必須数学の鳥瞰図』共著，東京図書，2015 年。
『新しい微積分 (上下)』共著，講談社，2017 年。
『総合的研究 論理学で学ぶ数学 —— 思考ルーツとしてのロジック』，旺文社，2017 年。
『数学の二つの心』，日本評論社，2017 年。
『数学的な思考とは何か —— 数学嫌いと思っていた人に読んで欲しい本』，技術評論社，2020 年。

180

●寄稿者プロフィール

宮﨑 淳 （みやざき・じゅん）

1967 年　鳥取県に生まれる。
1989 年　筑波大学体育専門学群を卒業。
その後，民間会社営業職を経て，1995 年茗溪学園に入校。
現在　茗溪学園中学校高等学校副校長。

主な著書：
高尾淳のペンネームにて，
『パニックマン —— ある体育教師のパニック障害克服記』，新潮社，2009 年。
『ジャンボ鶴田三度目の夢』，ミルホンネット，2010 年。

磯山健太 （いそやま・けんた）

1988 年　茨城県石岡市に生まれる。
2012 年　筑波大学理工学群数学類を卒業。
2014 年　筑波大学大学院数理物質科学研究科数学専攻博士前期課程を修了。
現在　茗溪学園中学校高等学校教諭。

新妻 翔 （にいつま・しょう）

1990 年　神奈川県横浜市に生まれる。
2013 年　明治大学理工学部数学科を卒業。
2015 年　明治大学大学院理工学研究科基礎理工学専攻数学系課程を修了。
現在　茗溪学園中学校高等学校教諭。

谷田部篤雄 （やたべ・あつお）

1988 年　茨城県石岡市に生まれる。
2011 年　明治大学理工学部数学科を卒業。
2013 年　明治大学大学院理工学研究科基礎理工学専攻数学系課程を修了。
現在　茗溪学園中学校高等学校教諭。NPO 法人 TECUM 理事。

君たちは，数学で何を学ぶべきか
——オンライン授業の時代にはぐくむ《自学》の力

2020 年 10 月 25 日　第 1 版第 1 刷発行

著　者……………………長岡亮介 ©

寄稿者……………………宮﨑 淳・磯山健太・新妻 翔・谷田部篤雄 ©

発行所……………………株式会社 日本評論社
　　　　　　　　　　　〒170-8474 東京都豊島区南大塚 3-12-4
　　　　　　　　　　　TEL：03-3987-8621［営業部］　　https://www.nippyo.co.jp/

企画・制作………………亀書房［代表：亀井哲治郎］
　　　　　　　　　　　〒264-0032 千葉市若葉区みつわ台 5-3-13-2
　　　　　　　　　　　TEL & FAX：043-255-5676　　E-mail: kame-shobo@nifty.com

印刷所……………………三美印刷株式会社

製本所……………………株式会社難波製本

装　訂……………………銀山宏子(スタジオ・シープ)

組版・図版………………亀書房編集室

ISBN 978-4-535-79826-7　　Printed in Japan